U0311351

珍 藏 版

Philosopher's Stone Series

# 哲人石丛书

立足当代科学前沿

彰显当代科技名家

绍介当代科学思潮

激扬科技创新精神

**珍藏版策划**

王世平　姚建国　匡志强

**出版统筹**

殷晓岚　王怡昀

# 千年难题

### 七个悬赏1000000美元的数学问题

# The Millennium Problems

### The Seven Greatest Unsolved Mathematical Puzzles of Our Time

## Keith Devlin

[美] 基思·德夫林 —— 著

沈崇圣 —— 译

 上海科技教育出版社

## "哲人石",架设科学与人文之间的桥梁

　　"哲人石丛书"对于同时钟情于科学与人文的读者必不陌生。从1998年到2018年,这套丛书已经执着地出版了20年,坚持不懈地履行着"立足当代科学前沿,彰显当代科技名家,绍介当代科学思潮,激扬科技创新精神"的出版宗旨,勉力在科学与人文之间架设着桥梁。《辞海》对"哲人之石"的解释是:"中世纪欧洲炼金术士幻想通过炼制得到的一种奇石。据说能医病延年,提精养神,并用以制作长生不老之药。还可用来触发各种物质变化,点石成金,故又译'点金石'。"炼金术、炼丹术无论在中国还是西方,都有悠久传统,现代化学正是从这一传统中发展起来的。以"哲人石"冠名,既隐喻了科学是人类的一种终极追求,又赋予了这套丛书更多的人文内涵。

　　1997年对于"哲人石丛书"而言是关键性的一年。那一年,时任上海科技教育出版社社长兼总编辑的翁经义先生频频往返于京沪之间,同中国科学院北京天文台(今国家天文台)热衷于科普事业的天体物理学家卞毓麟先生和即将获得北京大学科学哲学博士学位的潘涛先生,一起紧锣密鼓地筹划"哲人石丛书"的大局,乃至共商"哲人石"的具体选题,前后不下十余次。1998年年底,《确定性的终结——时间、混沌与新自然法则》等"哲人石丛书"首批5种图书问世。因其选题新颖、译笔谨严、印制精美,迅即受到科普界和广大读者的关注。随后,丛书又推

出诸多时代感强、感染力深的科普精品,逐渐成为国内颇有影响的科普品牌。

"哲人石丛书"包含4个系列,分别为"当代科普名著系列"、"当代科技名家传记系列"、"当代科学思潮系列"和"科学史与科学文化系列",连续被列为国家"九五"、"十五"、"十一五"、"十二五"、"十三五"重点图书,目前已达128个品种。丛书出版20年来,在业界和社会上产生了巨大影响,受到读者和媒体的广泛关注,并频频获奖,如全国优秀科普作品奖、中国科普作协优秀科普作品奖金奖、全国十大科普好书、科学家推介的20世纪科普佳作、文津图书奖、吴大猷科学普及著作奖佳作奖、《Newton-科学世界》杯优秀科普作品奖、上海图书奖等。

对于不少读者而言,这20年是在"哲人石丛书"的陪伴下度过的。2000年,人类基因组工作草图亮相,人们通过《人之书——人类基因组计划透视》《生物技术世纪——用基因重塑世界》来了解基因技术的来龙去脉和伟大前景;2002年,诺贝尔奖得主纳什的传记电影《美丽心灵》获奥斯卡最佳影片奖,人们通过《美丽心灵——纳什传》来全面了解这位数学奇才的传奇人生,而2015年纳什夫妇不幸遭遇车祸去世,这本传记再次吸引了公众的目光;2005年是狭义相对论发表100周年和世界物理年,人们通过《爱因斯坦奇迹年——改变物理学面貌的五篇论文》《恋爱中的爱因斯坦——科学罗曼史》等来重温科学史上的革命性时刻和爱因斯坦的传奇故事;2009年,当甲型H1N1流感在世界各地传播着恐慌之际,《大流感——最致命瘟疫的史诗》成为人们获得流感的科学和历史知识的首选读物;2013年,《希格斯——"上帝粒子"的发明与发现》在8月刚刚揭秘希格斯粒子为何被称为"上帝粒子",两个月之后这一科学发现就勇夺诺贝尔物理学奖;2017年关于引力波的探测工作获得诺贝尔物理学奖,《传播,以思想的速度——爱因斯坦与引力波》为读者展示了物理学家为揭示相对论所预言的引力波而进行的历时70年的探索……"哲人石丛书"还精选了诸多顶级科学大师的传记,《迷人的科学风采——费恩曼传》《星云世界的水手——哈勃传》《美丽心灵——纳什传》《人生舞台——阿西莫夫自传》《知无涯者——拉马努金传》《逻辑人生——哥德尔传》《展演科学的艺术家——萨根传》《为世界而生——霍奇金传》《天才的拓荒者——冯·诺伊曼传》《量子、猫与罗曼史——薛定谔传》……细细追踪大师们的岁月足迹,科学的力量便会润物细无声地拂过每个读者的心田。

"哲人石丛书"经过20年的磨砺,如今已经成为科学文化图书领域的一个品牌,也成为上海科技教育出版社的一面旗帜。20年来,图书市场和出版社在不断变化,于是经常会有人问:"那么,'哲人石丛书'还出下去吗?"而出版社的回答总是:"不但要继续出下去,而且要出得更好,使精品变得更精!"

"哲人石丛书"的成长,离不开与之相关的每个人的努力,尤其是各位专家学者的支持与扶助,各位读者的厚爱与鼓励。在"哲人石丛书"出版20周年之际,我们特意推出这套"哲人石丛书珍藏版",对已出版的品种优中选优,精心打磨,以全新的形式与读者见面。

阿西莫夫曾说过:"对宏伟的科学世界有初步的了解会带来巨大的满足感,使年轻人受到鼓舞,实现求知的欲望,并对人类心智的惊人潜力和成就有更深的理解与欣赏。"但愿我们的丛书能助推各位读者朝向这个目标前行。我们衷心希望,喜欢"哲人石丛书"的朋友能一如既往地偏爱它,而原本不了解"哲人石丛书"的朋友能多多了解它从而爱上它。

上海科技教育出版社

2018年5月10日

## "哲人石丛书":20年科学文化的不懈追求

◇ 江晓原(上海交通大学科学史与科学文化研究院教授)
◆ 刘兵(清华大学社会科学学院教授)

◇ 著名的"哲人石丛书"发端于1998年,迄今已经持续整整20年,先后出版的品种已达128种。丛书的策划人是潘涛、卞毓麟、翁经义。虽然他们都已经转任或退休,但"哲人石丛书"在他们的后任手中持续出版至今,这也是一幅相当感人的图景。

说起我和"哲人石丛书"的渊源,应该也算非常之早了。从一开始,我就打算将这套丛书收集全,迄今为止还是做到了的——这必须感谢出版社的慷慨。我还曾向丛书策划人潘涛提出,一次不要推出太多品种,因为想收全这套丛书的,应该大有人在,将心比心,如果出版社一次推出太多品种,读书人万一兴趣减弱或不愿一次掏钱太多,放弃了收全的打算,以后就不会再每种都购买了。这一点其实是所有开放式丛书都应该注意的。

"哲人石丛书"被一些人士称为"高级科普",但我觉得这个称呼实在是太贬低这套丛书了。基于半个世纪前中国公众受教育程度普遍低下的现实而形成的传统"科普"概念,是这样一幅图景:广大公众对科学技术极其景仰却又懂得很少,他们就像一群嗷嗷待哺的孩子,仰望着高踞云端的科学家们,而科学家则将科学知识"普及"(即"深入浅出地"单向灌输)给他们。到了今天，中国公众的受教育程度普遍提高，最基础的科学教育都已经在学校课程中完成，上面这幅图景早就时过境迁。传统"科普"概念既已过时，鄙意以为就不宜再将优秀的"哲人石丛书"放进"高级科普"的框架中了。

◆ 其实，这些年来，图书市场上科学文化类，或者说大致可以归为此类的丛书，还有若干套，但在这些丛书中，从规模上讲，"哲人石丛书"应该是做得最大了。这是非常不容易的。因为从经济效益上讲，在这些年的图书市场上，科学文化类的图书一般很少有可观的盈利，出版社出版这类图书，更多地是在尽一种社会责任。

但从另一方面看，这些图书的长久影响力又是非常之大的。你刚刚提到"高级科普"的概念，其实这个概念也还是相对模糊的，后期，"哲人石丛书"又分出了若干子系列，其中一些子系列，如"科学史与科学文化系列"，里面的许多书实际上现在已经成为像科学史、科学哲学、科学传播等领域中经典的学术著作和必读书了。也就是说，不仅在普及的意义上，即使在学术的意义上，这套丛书的价值也是令人刮目相看的。

与你一样，很荣幸地，我也拥有了这套书中已出版的全部，虽然一百多部书所占空间非常之大，在帝都和魔都这样房价冲天之地，存放图书的空间成本早已远高于图书自身的定价成本，但我还是会把这套书放在书房随手可取的位置，因为经常会需要查阅其中一些书，这也恰恰说明了此套书的使用价值。

◇ "哲人石丛书"的特点是：一、多出自科学界名家、大家手笔；二、书中所谈，除了科学技术本身，更多的是与此有关的思想、哲学、历史、艺术，乃至对科学技术的反思。这种内涵更广、层次更高的作品，以"科学文化"称之，无疑是最合适的。在公众受教育程度普遍较高的西方发达社会，这样的作品正好与传统"科普"概念已被超越的现实相适应。

所以"哲人石丛书"在中国又是相当超前的。

这让我想起一则八卦:前几年探索频道(Discovery Channel)的负责人访华,被中国媒体记者问道"你们如何制作这样优秀的科普节目"时,立即纠正道:"我们制作的是娱乐节目。"仿此,如果"哲人石丛书"的出版人被问道"你们如何出版这样优秀的科普书籍"时,我想他们也应该立即纠正道:"我们出版的是科学文化书籍。"

这些年来,虽然我经常鼓吹"传统科普已经过时"、"科普需要新理念"等等,这当然是因为我对科普作过一些反思,有自己的一些想法。但考察这些年持续出版的"哲人石丛书"的各个品种,却也和我的理念并无冲突。事实上,在我们两人已经持续了17年的对谈专栏"南腔北调"中,曾多次对谈过"哲人石丛书"中的品种。我想这一方面是因为丛书当初策划时的立意就足够高远、足够先进,另一方面应该也是继任者们在思想上不懈追求与时俱进的结果吧!


◆ 其实,究竟是叫"高级科普",还是叫"科学文化",在某种程度上也还是个形式问题。更重要的是,这套丛书在内容上体现出了对科学文化的传播。

随着国内出版业的发展,图书的装帧也越来越精美,"哲人石丛书"在某种程度上虽然也体现出了这种变化,但总体上讲,过去装帧得似乎还是过于朴素了一些,当然这也在同时具有了定价的优势。这次,在原来的丛书品种中再精选出版,我倒是希望能够印制装帧得更加精美一些,让读者除了阅读的收获之外,也增加一些收藏的吸引力。

由于篇幅的关系,我们在这里并没有打算系统地总结"哲人石丛书"更具体的内容上的价值,但读者的口碑是对此最好的评价,以往这套丛书也确实赢得了广泛的赞誉。一套丛书能够连续出到像"哲人石丛书"这样的时间跨度和规模,是一件非常不容易的事,但唯有这种坚持,也才是品牌确立的过程。

最后,我希望的是,"哲人石丛书"能够继续坚持以往的坚持,继续高质量地出下去,在选题上也更加突出对与科学相关的"文化"的注重,真正使它成为科学文化的经典丛书!

2018年6月1日

# 对本书的评价

◇

精彩绝伦……如果你希望有一个对黎曼假设的简明介绍，这本书就是你所要的。

——《洛杉矶时报》

◇

本书描述的七大"悬赏1000000美元的难题"的确位于数学之巅，至今仍悬而未决，它们或许比地球上任何真正的山峰更难征服。就我所知，没有什么能比德夫林这本精彩的书让那些善于思考的读者更靠近这些既光彩夺目又极具挑战性的问题了。

——艾森巴德（David Eisenbud）
美国国家数学研究所所长

◇

德夫林关于数学的作品思路清晰，表述优雅；他对于背景思想的解释既浅显易懂，又鞭辟入里。他所写的一切都充满了个人魅力，集非凡的智慧、幽默与欢欣于一体。

——梅热（Barry Mazur）
哈佛大学数学系教授

◇

德夫林做了一件超凡的事……对于任何一位尚记得一些高中数学的读者来说，[这本书]既引人入胜又浅显易懂。

——《基督教科学箴言报》

◇

内容翔实,趣味盎然……这本书的最大成功在于它从某一方面努力揭示了人类智能之谜,以及这种智能所能达到的那个令人极其眩晕的高度。

——《波特兰信使报》

高质量地进行了数学阐释,强烈地传递了一种兴奋感,至少能让你一瞥那些巅峰,虽然攀登这些巅峰的艰难险阻被深深地笼罩在迷雾之中。

——《自然》

## 内容提要

2000年，美国马萨诸塞州剑桥的克莱基金会发起了一场颇具历史意义的竞赛：任何能够解决七大数学难题之一的人，在专家认定其解答正确之后，都可以获得100万美元的奖金。之前也有过这样的先例：1900年，当时最伟大的数学家之一希尔伯特提出了23个问题（现被称作希尔伯特问题），在很大程度上为20世纪的数学设定了议程。千年难题很可能获得同样的地位。对它们的解答（或者解答不出）将对21世纪的数学研究产生巨大的影响。这些问题涉及纯粹数学和应用数学中大多数最迷人的领域：从拓扑学和数论到粒子物理学、密码学、计算理论甚至飞机设计。著名的数学阐释者德夫林在本书中向我们讲述了这七大难题的内容、由来以及它们对数学和科学的意义。

这些问题是伸向当今数学家的铜铃*，它们闪闪发

---

\* 原文为 brass rings，义"铜铃"，喻义"成功机会，发财机会"。据说源于19世纪末20世纪初的一种"旋转木马"游戏：骑手们骑在一个个绕着圆形平台转动同时又上下起伏的木马上，平台上方悬挂着一些铃铛。这些铃铛大多用钢制成，少数用铜制成。骑手若在旋转过程中伸手抓住一个铜制铃铛，就可免费再玩一次。——译者

亮,却伸手够不着。在美国全国公共电台(NPR)"周末版"的"数学小子"德夫林笔下,每一个千年难题都成了通向该领域中最深奥、最困难问题的一个诱人的窗口。对于数学家、物理学家、工程师以及任何一个对数学前沿问题感兴趣的人来说,《千年难题》都是关于一门具有长久生命力的学科的最可靠描述。

## 作者简介

———

　　基思·德夫林(Keith Devlin)，美国斯坦福大学语言与信息研究中心行政主任，斯坦福大学数学系教授。他不仅定期为美国全国公共电台的"周末版"节目撰写稿件（在节目中他被称作"数学小子"），而且出现在"说说国民"、"科学星期五"、"听上去像是科学"、"就我们的知识所及"等广播节目中。他是30余本著作、一张互动式CD光盘与80余篇数学研究论文的作者。他是美国科学院数学科学教育委员会委员、美国科学促进会成员和世界经济论坛成员。现居加利福尼亚州帕洛阿尔托市。

CONTENTS 目 录

# 目 录

# 序 言

　　2000年5月,在巴黎的一个高度公开化的会议上,克莱数学促进会(Clay Mathematics Institute,简称CMI)宣布对七大悬而未决的数学难题以每个问题100万美元的赏金寻求解答——这七大难题是由一个国际数学家委员会在当今数学领域中选出的最难以攻克且具最重要意义的问题。这一宣布引发了不小的轰动,连续几周,媒体兴趣高涨。作为经常为非专业人士著书写文章并定期上广播节目的数学家,我被众多记者及广播节目制作人问到这些难题的背景,并要求作一些评论。一些有兴趣出版关于这一主题的图书的编辑也主动与我联系,其中就包括Basic Books 的比尔·弗鲁赫特(Bill Frucht)。在出版我上一本为非专业人士所著的图书《数学基因》(*The Math Gene*)的时候,我曾与比尔合作。由此,我俩也建立了深厚的友谊。(由于其出色的编辑才华,在某种程度上他已经成为我的崇拜对象。)因此,我再次选择与比尔合作,并立即着手进行撰写本书所需的大量研究工作。

　　不久,克莱促进会的主席贾菲(Arthur Jaffe)问我是否愿意与同样是数学普及工作者的伊恩·斯图尔特(Ian Stewart)一起为关于七大千年难题的官方图书撰写普及性的引言,克莱促进会正与美国数学学会合作,准备出版此书。在确保这两本书并没有太大的冲突后,我同意了。CMI的这本官方图书主要是对七大千年难题的详细而准确的介绍,每一篇都由这一问题的世界级权威专家撰写。由于每个问题悬赏100万美元,CMI的这本书也担负着法律责任,必须充分准确地陈述每个问题以让裁定者判断某个提出的解答是否达到了解题的标准。(这些问题与做一个长除法计算或是解一个二次方程几乎不能作最起码的比较,有时,仅仅是理解问题陈述中的某一个术语就需要花相当大的力气。)伊恩和我要做的是写一些描述这些问题的简短引言,使此书对数学家来说更为亲切,对那些有兴趣参阅关于这些问题的"官方图书"的记者及非专业读者来说更为有用。

现在你手上的这本书却与之大相径庭。总体而言,我的目的并不是详细描述这些问题。用非专业的语言来准确描述这些问题是不可能的——甚至用大学本科数学程度的人所熟悉的术语也无法做到。(那只能告诉你关于这些问题之性质的一些事。)相反,我的目的是提供每个问题的背景,描述它是如何产生的,解释是什么使它特别困难,并让你在某种程度上感到为什么这些问题在数学家看来是如此重要。

而CMI的官方图书正是开始于本书结束的地方。对任何一位在阅读本书后想解答克莱难题的读者而言,要做的第一步便是读一读CMI那本书中关于这些问题的确切描述。(如果不能理解那本书,你是无法解答这些难题的。千年大奖的竞赛就像是美国橄榄球的超级碗比赛:并非为业余者开设。)本书并非为那些希望解答出其中一个难题的人而写,而是为着那些对人类最古老的科学知识体系发展前沿的现状感兴趣的读者——无论是数学家还是非数学家。经过3000年的理性发展后,人类数学知识的极限究竟在何处?

阅读本书所需要的基础仅仅是高中阶段的数学知识。但仅仅这样还不够,还需要你对这个论题本身有着充分的兴趣,这比前者更为重要。我从一开始就意识到,无论怎样努力,本书都不可能成为一本简易读物。千年难题是当今世界未解决的数学问题中最困难、最重要的问题;全世界最优秀的数学头脑已花费了大量的时间和精力来寻求答案,然而都未有结果。即使让一个业余爱好者对问题之**大概**有所领会,也需要相当大的努力。但无论怎样,我依然坚信所有的努力都是值得的。难道这一切不是令人感兴趣的人类成就的顶峰吗？

幸运的是，还有另一个可有助你了解千年难题的途径。作为CMI开展的大力宣传千年难题竞赛的活动之一，我和贾菲以及电视制作人斯特恩(David Stern)共同参与了一个20分钟的电视短片制作。其中对于千年难题的引导性简要描述同斯图尔特和我在CMI官方图书上的普及性导言相类似。你可以在CMI的网站 www.claymath.org 上看到这个电视短片。(你还可以在这一网站上找到各个问题的专家对相应难题的专业描述。)

显然，参加电视短片的制作和CMI图书的编写对我撰写此书十分有帮助。我在此感谢CMI的贾菲以及埃尔伍德(David Ellwood)，我同他们进行了多次对我颇有裨益的交谈。与斯图尔特合作为CMI图书撰写的引言也对本书产生了影响。然而归根结底，对你手中这本书中出现的任何舛错疏漏，都应由我负责。

我还要对弗鲁赫特深表感激之情。尽管我们处理的许多材料有着不可理解性，但他先是为我构思出了写作方案，然后与我一起为使此书尽可能地通俗易懂、饶有趣味而竭尽全力(并奋勇战斗)。还要感谢我的代理人，纽约的芬奇(Diana Finch)以及伦敦的汉密尔顿(Bill Hamilton)，他们不断说服世界各国的出版商，使他们相信天底下的确存在着被那个(几乎是)默默无闻、毫不张扬的群体的活动所迷住的人。我也荣幸地是这个群体中的一分子——那里是追寻着100%可靠的永恒真理的人们：数学家。

基思·德夫林

加利福尼亚州帕洛阿尔托市

2002年3月

# 挑战已经发出

求知欲是人类的本性之一。遗憾的是,已确立的各种宗教不再提供令人满意的答案,这就转变成对确定性和真理的一种需求。这就是数学为什么而运作,为什么人们为之奉献终身。它是对真理的渴望,是对驱动着数学家的数学之美妙和优雅的回应。

——克莱(Landon Clay),克莱千年难题的赞助人

2000年5月24日,在巴黎法兰西学院(Collège de France)的演讲大厅,世界著名的英国数学家迈克尔·阿蒂亚爵士(Sir Michael Atiyah)和美国数学家泰特(John Tate)宣布,对首先解决七个最困难的悬而未决的数学问题中任何一个的人或团体将授予100万美元的奖金。他们说,这些问题从此将被称为"千年难题"(Millennium Problems)。

这700万美元的奖金——每个问题100万美元,解答在时间上没有限制——是由一位富有的美国共同基金投资公司巨头和业余数学爱好者克莱捐赠的。一年前,克莱就建立了克莱数学促进会(Clay Mathematics Institute,简称CMI),这是设在他的家乡马萨诸塞州剑桥的一个非营利性组织,旨在促进和支持数学研究。CMI组织了巴黎会议,并将

掌管千年大奖的角逐。

这七大难题是由一个国际知名数学家小组经过数月选出的。这个小组由克莱促进会首任主席贾菲(Arthur Jaffe)博士领导,其成员由CMI的科学顾问委员会选定。贾菲曾任美国数学学会会长,现在是哈佛大学的克莱数学教授。选题委员会一致认为选出的这七大难题是当代数学中最重要的未解决问题。对此大多数数学家都会赞同。这些问题位于数学主要领域的中心,全世界许多最优秀的数学家曾试图解决它们,但都无功而返。

拟订这个问题表的专家之一是安德鲁·怀尔斯爵士(Sir Andrew Wiles),费马大定理这个有330年历史的难题没被选入的唯一理由显然是因为六年前已被他解决了。其他的专家,除了贾菲之外,还有阿蒂亚和在巴黎作了演讲的泰特,以及法国的孔涅(Alain Connes)和美国的威滕(Edward Witten)。

很奇怪,克莱本人不是数学家。作为哈佛大学的本科生,他主修的是英文。然而他在其母校资助设立了一个数学教席,接着创办了克莱数学促进会(目前他的捐赠达到9000万美元)和现在的千年大奖。他说之所以有这些创举,部分是因为他看到一个如此重要的学科,从公众得到的资助却如此之少。通过提供一大笔奖金并邀请世界新闻界参加宣布解题竞赛开始的会议,克莱确保这些千年难题——乃至整个数学——会引起国际媒体的注意。但是为什么要到巴黎开会?

答案是历史。正是在100年前的1900年,巴黎是一次类似事件的发生地。起因是第二届国际数学家大会。8月8日,德国数学家希尔伯特(David Hilbert)——数学领域中的一位国际领袖,应邀发表演讲,他在演讲中提出了一个20世纪数学的议程表。希尔伯特列举了他判定为数学中意义最重大的23个未解决难题。它们随后被称为"希尔伯特问题",是指引数学家迈向未来的灯塔。

希尔伯特陈述的问题中有少数几个比他预料的要容易，不久就被解决了。还有几个问题太不准确而不能得到一个确定的答案。但是绝大多数问题确实是十分困难的数学问题，这些"真正的"希尔伯特问题中的任一个能得到解答将立即使解答者在数学界声誉鹊起，完全就像获得诺贝尔奖一样意义重大。而且还有这样的好处：这些获得成功的数学家能立刻享有他们（所有的解答者都是男性）成功带来的好处，而不必等待数年之久——在数学界确认解答正确之时，荣誉同时到达。

到2000年，所有真正的希尔伯特问题除了一个之外都已被解决，这正是数学家再一次总结的适宜时间。哪些是第二个千年结束之时最有价值的问题？哪些未解决问题是每个人都认为的数学之珠穆朗玛峰？

巴黎会议部分是对创造历史的一种尝试，但并非完全是。正如怀尔斯指出的，在拟订千年难题表时CMI的目的与希尔伯特并不完全相同。"希尔伯特试图用他的问题引导数学的发展，"怀尔斯说，"我们则试图记载重大的未解决难题。在数学中有着一些大问题，它们很重要，但很难从中孤立出单独的问题来在这张列表中占有一席之地。"换句话说，千年难题不可能向你提供关于数学走向的思想。但是它们十分精彩地简述了现今的前沿在何处。

## 七大难题

那么千年难题是些什么问题？当今数学的状态使得它们没有一个能在缺乏相当多背景知识的情况下被正确地描述出来。这就是为什么你是在阅读一本书而不是一篇文章。但现在我至少能为你提供它们的名称，并让你对它们有个初步印象。

**黎曼假设** 这是1900年希尔伯特列出的问题中唯一一个至今还未解决的问题。全世界的数学家都认为这个关于一特定方程之可能解的看上去晦涩难懂的问题,是数学中意义最重大的未解决难题。

1859年,德国数学家黎曼(Bernhard Riemann)试图回答数学中最古老的问题之一:如果素数在全体计数数中的分布具有一定的模式,那么这个模式是什么?在这个过程中,他提出了这个假设。大约公元前350年,著名的希腊数学家欧几里得(Euclid)证明了素数是无穷尽的,即存在无穷多个素数。此外,由观察可知,当你向大整数方向行进时,素数好像越来越"稀疏"、越来越少见了。但是你能说得比这更多些吗?正如我们将在第一章中看到的,答案是肯定的。黎曼假设的证明将加深我们对素数和对描述素数的方法的理解。它远远不只是满足数学家的好奇心。此外,它在数学中的影响远远超过了素数的分布模式。它还将在物理学和现代通信技术中产生影响。

**杨-米尔斯理论和质量缺口假设** 数学发展的许多动力来自科学,特别是来自物理学。例如,由于物理学的需要,17世纪数学家牛顿(Isaac Newton)和莱布尼茨(Gottfried Leibniz)发明了微积分。通过为科学家提供了描述连续运动的一种数学上的精确方法,微积分彻底改变了科学。虽然牛顿和莱布尼茨的方法奏效了,但人们大约花了250年的时间才使微积分背后的数学得以严格地建立起来。今天,在过去大约半个世纪以来发展起来的物理学的某些理论中,存在着类似的情况。这第二道千年难题向数学家发出再次赶上物理学家的挑战。

杨-米尔斯方程来自量子物理学。大约50年之前,物理学家杨振宁和米尔斯(Robert Mills)在描述除引力之外所有的自然力时建立了这些方程。他们做了一项杰出的工作。来自这些方程的预测描述了在世界各地实验室中观察到的粒子。虽然从实践的角度说杨-米尔斯理论成功了,但它作为一个**数学**理论却还没有研究出来。在某种程度上,这第二道千年难题是要求从公理开始,补上这个理论的数学发展。这种数学将必须符合一些在实验室中已被观察到的情况。特别是,它将(在数学上)确定"质量缺口假设",这涉及杨-米尔斯方程的假设存在的解。这个假设已被大多数物理学家接受,它提供了电子为什么有质量的一种解释。质量缺口假设的证明被看作对杨-米尔斯理论的数学发展的一个极好的检验。它同时也使物理学家受益。他们都不能解释电子为什么有质量;他们仅仅观察到它们有质量。

**P对NP问题** 这是唯一一个关于计算机的千年难题。对此,许多人会觉得很意外。"毕竟,"他们会问,"现在大多数数学问题不都是在计算机上做的吗?"不,事实上不是。的确,绝大多数数值计算是在计算机上完成的,但是,数值计算仅仅是数学的很小一部分,而不是数学的主要部分。

虽然电子计算机出自数学——在20世纪30年代,首台计算机建成之前数年,有关数学的最后部分被解决——但计算机领域迄今仅仅产生了两个值得包含在世界最重大问题之中的数学问题。这两个问题涉及的计算是作为概念上的过程而不是任何特殊的计算设备,然而这不妨碍它们对真正的计算发挥重要的影响。希尔伯特把它们中的一个作为第10个问题写在他的1900年列表上。这个问题在1970年被解决,它要求证明某类方程不能由计算机解出。

接下来的一个问题是最近提出的。这个问题是关于计算机解决问题的效率的。计算机科学家把计算问题分成两种主要类型:P类型任务能在计算机上有效地处理;E类型任务可能要花费几百万年去计算。遗憾的是,绝大多数出现在工业和商业中的大型计算任务属于第三类——NP类型,它似乎是P和E的中间类型。但是它是这样吗? NP

是否仅仅是一种伪装的P类型？大多数专家相信NP与P是不相同的（即NP类型的计算任务与P类型的任务并不相同）。但是经过30年努力之后，没有人能够证明NP与P是否相同。一个肯定的解答将对工业、商业和电子通信（包括万维网）产生重大的影响。

**纳维-斯托克斯方程**　纳维-斯托克斯方程描述了液体和气体（如船体周围的水或飞机机翼上方的空气）的运动。它们是一种数学家所谓的偏微分方程。学科学和工程的大学生照例要学习如何求解偏微分方程，而纳维-斯托克斯方程看上去就像大学微积分课本中作为练习给出的方程。但外表是有欺骗性的。直到现在，任何人都没有线索来找出这些偏微分方程的求解公式——即使这样的公式是存在的。

这个失败并没有妨碍船舶工程师设计出高效的船舶，也没有妨碍航空工程师制造出性能较好的飞机。虽然没有求解方程的一般公式（比方说，就像二次方程求根公式那样的一般公式），设计高性能船舶和飞机的工程师可以用计算机以某种近似方法求解这些方程的特例。像杨-米尔斯问题一样，纳维-斯托克斯问题是数学家要赶上其他人所做事的另一种情况——这儿是赶上工程师。

"赶上"的说法可能给人这样的印象，即某些问题的重要性仅仅是对那些不愿意被甩在后面的数学家的自尊心而言的。但是这样的想法会误解科学知识发展的方式。由于数学的抽象性，关于一个现象的数学知识通常代表了对它的最深刻和最可靠的理解。对事物理解得越深刻，我们就越能更好地利用它。正如质量缺口假设的数学证明将是物理学上的一个重要进展，纳维-斯托克斯方程的解出将同样导致船舶和航空工程的进展。

**庞加莱猜想**　这个问题是在大约一个世纪之前由法国数学家庞加

莱(Henri Poincaré)首次提出的。它开始于一个看起来很简单的问题:你怎样才能把一个苹果和一个炸面圈区别开来? 是的,这好像不是一个值100万美元赏金的数学问题。使它变得困难的是,庞加莱要求一个能在更一般情况中采用的**数学**回答。这样就排除了许多明显的解决方法,比如只要把每一个都咬一口。下面是庞加莱自己对这个问题的回答。如果你在一个苹果的表面绷上一根橡皮带子,你就能通过慢慢地移动它,不扯断它,也不让它离开表面,而将它收缩成一点。另一方面,请你想象把同样一根橡皮带子以某种方式紧绷在炸面圈的适当位置上,然而不存在一种方法,在既不弄断橡皮带子也不弄破炸面圈的情况下使它收缩成为一点。令人惊讶的是,当你问同样这个橡皮带思想能否区分苹果和炸面圈的四维类似物(这才是庞加莱真正要探寻的)时,竟然没有人能够给出回答。庞加莱猜想是说橡皮带思想**确实**能识别出四维苹果。

这个问题位于当今数学最迷人的分支之一,即拓扑学的中心。除了它的内在的而且有时是怪异的魅力——例如,它告诉你一些深刻而基本的方式,在这些方式中,炸面圈与咖啡杯是一回事——之外,拓扑学在数学的许多领域中都有应用,这一学科中取得的进展对硅芯片和其他电子器件的设计和制造,对运输业,对理解大脑,甚至对电影工业都有影响。

**伯奇和斯温纳顿-戴尔猜想** 随着这个问题,我们回到了与黎曼假设同样的数学领域。自从古希腊时代以来,数学家一直在致力于求出像

$$x^2 + y^2 = z^2$$

这样关于整数 $x$、$y$、$z$ 的代数方程的所有解的问题。

对这个特定的方程,欧几里得给出了完整的解答——也就是说,他发现了一个能产生所有解的公式。在1994年,怀尔斯证明对任何大于

2的指数$n$，方程

$$x^n + y^n = z^n$$

没有非零整数解。(这个结果被称为费马大定理。)但是对更加复杂的方程，要弄清是否存在解或者是什么样的解，就变得极其困难了。伯奇和斯温纳顿-戴尔猜想提供了关于某些困难情况下的可能解的信息。

正如同它有关联的黎曼假设一样，对这一问题的解答将增加我们对素数的全面理解。在数学之外它是否比较有影响还不清楚。对伯奇和斯温纳顿-戴尔猜想的证明可能仅仅对数学家是重要的。

另一方面，把这个问题或任何数学问题归入"没有实际用处"是愚蠢的。不可否认，在"纯数学"的抽象问题上进行研究的数学家的工作热情通常更多地是由好奇心而不是由实际效用所激发的。但是纯数学上的发现一次又一次地被证实有着重要的实际应用。

况且，数学家为解决某一问题而研究出来的方法往往被证实对一些完全不同的问题具有应用。怀尔斯对费马大定理的证明，完全就是这种情况。同样，对伯奇和斯温纳顿-戴尔猜想的一个证明几乎肯定会涉及将来被发现有其他用处的新思想。

**霍奇猜想**　这是另一个关于拓扑学的"失落的一角"\*问题。从总体上说，这个问题是关于复杂的数学对象如何能由较简单的对象构成。在所有的千年难题中，这或许是非专业人士最难于理解的问题了。与其说是因为这个问题的内在直观性比其他问题更加隐晦或者

---

\* 原文为 missing piece，取自美国作家西尔弗斯坦(Shel Silverstein, 1932—1999)的著名寓言诗，比喻这样一种事物:(1)由于少了它，我们的生活便不完美;(2)因此我们满世界去寻找它，并在寻找的过程中增长了见识，得到了乐趣;(3)一旦找到它，由于达到了完美，生活反而变得平淡无趣了。这最后一点也可理解为:即使找到了"失落的一角"，生活仍然是不完美的。——译者

据认为它比其他六个问题更困难,倒不如说霍奇猜想是与数学家对某些抽象对象进行分类的技能有关的高度专业化问题。它从这门学科的深处产生,处于高度抽象的水平上,理解它的唯一方法是通过那些抽象程度逐渐增加的各个层次。这就是为什么我把这个问题放在了最后。

通向这个猜想之路始于20世纪上半叶。当时数学家发现了研究复杂对象形状的有力方法。基本的想法是把维数逐渐增加的简单几何砌块黏合在一起,来逼近一个给定对象的形状,问题是你能逼近到什么程度。这个技术原来是如此有用,以至于它以许多不同的方式被推广,最终导致了使数学家能对许多不同种类的对象进行整理分类的有力工具的出现。遗憾的是,这种推广模糊了这个过程的几何源头。数学家必须加上去的部件又没有一点几何解释。霍奇猜想断言,对于这些对象中的一类重要对象(称作射影代数簇),被称作霍奇闭链的部件不过是几何部件(称作代数闭链)的组合。

这些就是千年难题——在第三个千年到来之时数学中意义最重大和最有挑战性的未解决难题。如果从我的描述中你居然得出了有关它们的什么结论,那么这个结论很可能是:它们看来极其深奥难懂。

## 为什么这些问题如此难以理解

暂且想象一下,如果克莱设立的不是数学大奖,而是关于其他学科的,如物理学、化学或生物学的,那么肯定不需要用一整本书对一个有兴趣的非专业读者去解释这些学科中任一学科的七个重要问题。在《科学美国人》(Scientific American)上用一篇三四页的解释性文章就可能已经足够了。其实,每年诺贝尔奖授奖时,报纸和杂志常常安排少数几篇短文来介绍获奖研究成果的要点。

通常对数学不能这样做。数学是与众不同的。为什么呢？

有一篇评论给出了答案的一部分，该评论是由美国数学家格雷厄姆（Ronald Graham）首先作出的（我相信如此），他职业生涯的大部分是作为 AT&T 贝尔实验室的数学研究负责人。据格雷厄姆的说法，数学家是科学家中仅有的能理所当然地声称"我躺在沙发上，闭着眼睛工作"的人。

数学几乎完全是脑力活动——真正的**工作**不是在实验室、办公室或工厂中完成的，而是在大脑中。当然，大脑是与身体相连的，身体可能在办公室中，或在沙发上，但是数学本身仍然在大脑中，**与物质世界中的事物没有任何直接联系**。这并不是暗示其他科学家不进行智力上的工作。但是在物理学或化学或生物学中，科学家思考的对象通常是物质世界中的某种现象。虽然你我不能进入科学家的大脑中体验他的思考，但我们确实生活在同一世界之中。这就提供了关键的联系，即科学家能对我们解释他想法的原始基础。即使在物理学家试图理解夸克或生物学家设法了解DNA的情况中，虽然我们对这些对象没有日常生活的经验，但是连一个没有科学素养的大脑也能毫无麻烦地思考它们。从某种较深的意义上说，艺术家所画的典型夸克是一簇簇着色台球，DNA像是一螺旋形楼梯，这可能（事实上）是"错"的，但是作为想象的图像，这样能使我们在心中看见被它们美化的科学。

数学没有这种与现实的有用的联系。甚至当可以画出一张图时，往往是它提供的帮助可能与误导一样多，这就要解释者必须用语言补充说明图中哪些东西少掉了，哪些地方误导了。然而当这些语言不能联系日常生活中的实际事物时，怎么才能使非专业的读者理解它们呢？

随着这门学科变得越来越抽象，数学家讨论的对象越来越远离日常生活，甚至对于忠实的数学观众，这件事也越来越难了。确实，对有些当代的问题,如霍奇猜想,我们可能已经达到了与门外汉简直无法沟通的程度。这并不是因为人脑需要时间去适应新的抽象水平,这种情况很正常。而是说,抽象的程度和速度结果可能已经达到了只有专家才能跟上的阶段。

2500年前,毕达哥拉斯(Pythagoras)的一个年轻的信徒证明了2的平方根不是一个有理数,即不能表示成一个分数。这意味着用被他们认可的**那些**数(整数和分数)不足以测量宽和高都是1个单位的直角三角形的斜边长度(根据毕达哥拉斯定理,这个长度是 $\sqrt{2}$ )。这个发现使毕达哥拉斯学派感到如此震惊,以致他们在数学上的进程几乎停顿下来。最终数学家找到了一种方法,把他们对数的概念改变成现今我们所称的实数概念,从而摆脱了困境。对希腊人来说,数始于计数("自然数"),而为了度量长度,你把它们扩展到一个更大的系统("有理数"),这是通过宣称一个自然数除以另一个数结果也是一个数而做到的。有理数实际上还不足以测量长度,这个发现导致后来的数学家放弃了这个描述,代之以宣称数仅仅**是**一条直线上的点!这是一个重要的改变,而且花了2000年时间才把所有的细节搞清楚。只是到了19世纪末,数学家才最终完成实数的一套严格理论。甚至今天,尽管实数作为直线上的点是一个简单的图像,大学数学系学生常常在把握实数的规范化(而且是高度抽象的)理论成果上仍有困难。

关于小于0的数展现了另一场斗争。现在我们将负数看成只不过是位于数轴上0的左面的点,但是直到19世纪中期数学家还拒绝引入它们。类似地,大多数人很难接受复数——含有负数平方根的数,如 $i = \sqrt{-1}$ ——虽然存在着复数作为二维平面中的点的简单直观的图像。

目前,甚至许多非数学家都能自如地使用实数、复数和负数。这种情况是由于人们往往无视这样的事实:这些数是与计数(大约数万年前,数由此开始)几乎没有关系的高度抽象的概念,而且在日常生活中我们也从未遇到过一个关于无理数或含有-1之平方根的数的具体例子。

类似地,在几何学中,人们于18世纪发现,除了欧几里得在他的名著《原本》(Elements)中描述的几何外,还有其他的几何,这引发了专家和非数学家的大量有关观念的问题。仅在19世纪,"非欧几何"的思想就得到了广泛的接受。虽然我们日常直接体验的世界完全是欧几里得的,人们还是接受了。

随着每个新概念的跃出,甚至数学家也需要时间来适应新的思想,把它们接受下来作为他们做研究所依靠的全部背景的一部分。直到最近,数学进展的速度也是在大体上使得有兴趣的观察者能在下一个发展到来之前掌握目前这个新的发展。但是这也逐渐变得越来越难了。要理解第一道千年难题(即黎曼假设)说的是什么,你必须不仅对复数(和它们的运算),也要对高等微积分、无穷多个(复)数相加及无穷多个(复)数相乘的意义有很好的理解,而且能应付自如。

如今,这类知识几乎完全被限制在大学里主修数学的人群中。只有在他们眼中,黎曼假设才是一个简单的陈述,与普通人眼中的毕达哥拉斯定理没有太多区别。我在这本书中的目的,不仅是解释黎曼假设说的是什么,同时也要提供所有的基本材料。

物理学家,例如格林(Brian Greene)[1],能借助于振动着的微小能量环这种简单直观的图景,用关于日常现象的语言来解释最新、最深刻、最前沿的宇宙理论——超弦理论(上述能量环即这个理论中的"弦")。但在大多数情况下,我那些预备性材料却不能用诸如此类的方法来解释。大多数数学概念不是根据日常生活现象而是根据先前的数学概念而建立的。这意味着,即使是对那些概念作一肤浅的了解,唯一的途径也只能是循着通向它们的由一个个抽象环节连成的整个链条。

然而,记住数学家与你同属一个物种是重要的。(这点请相信我。)

从本源上看,千年难题对人类大脑来说,是完全可以理解的。有关的概念和它们要处理的模式与其说有许多内在的困难,不如说它们非常非常陌生——就像复数或非欧几何的思想会让古希腊人看起来是奇怪得不可理解一样。今天,随着对这些思想的逐渐熟悉,我们能了解它们如何从古希腊人熟知的作为普通数学的概念中自然产生。或许阅读这本书的最好方法是把这七大问题想成25世纪的普通数学。

### 谁(就是)想成为百万富翁

让人觉得有希望赢得百万美元大奖对能否解决一个千年难题会有实质性的影响吗?如果是问是否有人为了赢得奖金而来解这些难题,回答是没有。这不是一场业余选手的竞赛,其专业性一点也不比美国橄榄球的超级碗比赛差。要去求解这些问题中的任何一个,你几乎肯定需要取得一个数学博上学位,优秀得足以获得世界上某个顶尖大学的终身职位,并准备在这相关领域的深入研究中奉献许多年时间。所有这一切的代价是,不把你的时间花在其他随便什么事情上。任何需要用有希望获得一百万美元奖金来说服他或她用自己的整个生涯去干这事的人,根本就不具备为数学研究献身的基本条件。

另一方面,这七份奖金可能以一种与众不同的方法推动进展。这些奖金引起人们对那些特定问题的注意,能吸引青年数学家进入产生这些问题的领域。可以设想,这些人中的一人将可能着手去求解这些问题中的某一个。但毫无疑问,这样的人从发现解答中获得的愉悦远远超过赢得现额奖金。在这方面,数学家与奥运会运动员没有差别,运动员对金牌的重视总是远远超过对金牌所带来的赚钱广告和产品开发合同的重视。

从根本上说,数学家致力于这些问题的理由与著名英国登山运动员马洛里（George Mallory）*在回答报社记者的问题时给出的理由相同。"为什么你要攀登珠穆朗玛峰？""因为它在那儿。"这个回答可以被认为是索然无味的，也可以被认为是超常深邃的。如果这位记者实在无法理解为什么有人会冒着生命危险去攀登一座山峰，则马洛里给他的很可能是他应该得到的毫无意义的回答。另一方面，无需对人性有深层的理解，就能明白马洛里的话揭示了人类精神的基本部分：开辟新天地，比前人跑得更快、跳得更高、攀登得更高的强烈欲望——或者，既然这样的机会出现得太稀少，那么至少要超过自己先前最好的成绩。

这就是为什么千年难题是数学的珠穆朗玛峰。询问任何一位花费多年的职业生涯试着去求解这些问题之一的数学家，你得到的回答没有什么太大的差别："因为它在那儿。"

当然，虽然我想我们都知道把目光盯住一个目标意味着什么，我们中却不会有许多人像世界级登山运动员那样把目标也取为这个地球之巅。但我们肯定很容易理解为什么有这种能力的人会这样做。我遇到过几个攀登过珠穆朗玛峰的人，认识一个后来在那儿遇难的人，而我在他们身上看到的只是比我在年轻时作为一个周末攀岩者对这项运动更多的热爱和更多的激情。并不是受虐狂性格或对恐怖死亡的企求，驱使他们忍受巨大的困苦并冒着生命危险去攀登高山，或者驱使年轻时的我攀爬十分难爬的悬崖的，恰恰相反，正是对生命强烈的热爱。

对数学也是如此。世界上最好的数学家，那些可能有机会解决一个千年难题的人，同我们这些从努力解决数学中挑战性较小的问题中

---

* 1924年6月，英国登山队第三次试图从北坡攀登珠穆朗玛峰。队员马洛里和欧文（Andrew Irving）不幸在8000米以上高度遇难。马洛里的遗体在1999年被发现。——译者

获得智力上乐趣的人相比,只是在这一学科中投入了更多的奉献和激情。任何数学爱好者,从世界级专家到周末研究数学问题的业余爱好者,求解数学难题的理由没有别的,只有:"因为它在那儿。"

在数学中进行研究就好比试图寻找通向高山之巅的路。你从山谷开始,那儿灌木丛和树林非常茂密,使你很难在周围找到路,甚至想知道朝什么方向行进都十分困难。(你可能记得你在高中数学课上曾有这样的感觉。)但当你在周围跌跌撞撞地走了一会儿,透过树林,你一眼瞥见一座高高的积雪覆盖的山峰耸入云霄。它美极了。(遗憾的是,大多数学生在学校数学课上连这一步都没达到。达到这一步的少数学生往往忍不住要登这座山,他们成了数学家。)即使你知道了山在那里,走到山脚仍然是一条困难的搏斗之路。你不断地转错方向,折回原路,由于没有进展,你常常感到气馁。但是如果你坚持——不怕问路——最终你发现自己正仰望着山峰。

现在你开始攀登,你爬得越高,树林和林间灌木就越稀疏,这使前进更加容易。(正如任何一位专业数学家都知道的,高等数学往往比某些归为"初等"的数学更容易。)另一方面,空气也变得越稀薄(数学变得更抽象),向上攀登就越困难。更为重要的是,你爬得越高,你遇到能帮助你找到路径的向导的可能性就越小。最后,你只能全靠自己了。现在只要一滑就可能跌个大跟斗。(在一个方程中,一个小小的符号错误就会毁掉此后数月的研究。)

但是如果你到达了顶峰,那种成就感是巨大的。成功的狂喜第一次掠过全身之时,攀登时的所有苦难全被遗忘了。景色是壮丽的。从那儿,在山峰上,你能俯视,能看到你走过的路途,包括所有错误的步骤。你也能对在你下面的地势作出正确的判断。结果当你返回山谷,寻找另一座山峰去攀登时,事情将可能更容易一点。下一次,你将带着某种全局性的理解起步,这种理解只能产生于登上一座山峰并从山顶俯视之后。

这七大千年难题是现今数学的珠穆朗玛峰。你从这七个山顶中的任何一个看下来究竟能看到些什么,这是很难说清楚的。然而,毫无疑问,如果它们之中的任何一个被解决,我们将至少能看到这个世界不可能毫无变化。这才是真正的奖励。现在为每个问题标价100万美元仅仅是对它们这种地位的承认。

## 第一章

# 素数的音乐：黎曼假设

倘若要求任何一位职业数学家提名数学中最重要的未解决问题，回答几乎肯定是"黎曼假设"。这个困扰了人们140年之久的难题，是问某个特定方程的所有（无穷多个）解是否有一种特殊的形式。因此，答案必定是"是"或"否"这两者之一。虽然这个方程看起来高度专业化，但是这个问题与数学的好几个领域都有深远的联系。如果求得一个**肯定的**解答——大多数数学家认为结果会这样，而且可能就在这个世纪之内求得——这不仅对我们理解计数数，而且对数学和物理的许多领域，以及现代生活的某些关键方面都有重要的意义。在希尔伯特于1900年列出的最重要数学挑战表中，这是唯一一个在一个世纪之后又列入这千年难题表的问题。这更增加了它的魅力。

虽然这个问题躺在现代抽象数学森林那茂密的下层灌丛中，它却是起源于几乎同数学本身一样古老的问题——素数的分布模式。

素数的概念——一个只能被它自己和1整除的数——可追溯到古希腊的数学家，西方人的许多数学传统要归功于他们。大约公元前350年，欧几里得在他那伟大的十三卷著作《原本》中，用了许多篇幅来讨论素数。特别是他证明了每一个比1大的数（即每个比1大的正整数）要么本身是一个素数，要么可以写成一系列素数的乘积，如果不考虑这些

素数在乘积中的次序,那么写出来的形式是唯一的。例如,

$$21 = 3×7,$$

$$260 = 2×2×5×13。$$

等号右面的表达式分别是数21与260的"素数分解"。这样我们能把欧几里得的结果表达为,每一个大于1的计数数要么是素数,要么具有唯一的(次序变化不计)素数分解。

这个事实被称为算术基本定理,它告诉我们素数好比化学家的原子——所有整数得以构成的基本砌块。就像关于一种物质的独特分子结构的知识能告诉我们该物质的很多特性一样,掌握了某个整数的唯一素数分解能告诉我们这个整数的许多数学性质。

那么"黎曼假设"又是什么呢?在回答这个问题之前,我们有一点情况需要说明,而最好的着手之处就是在1859年提出这个问题的人: 黎曼。关于数学本性的许多现代观念都要归功于他。


## 花开无声

数学家已经知道应该接受这样一个事实: 他们的学科几乎肯定比其他学科更易引起误解——特别是**纯**数学领域,它的研究出自自身目的,而不是作为物理学或工程学之类的其他什么东西的一部分(这时被称为应用数学)。这些误解分为以下几个层次。

首先,许多公民没有意识到现代生活的许多特征性表现以一种根本性的方式依赖于数学。当我们乘坐汽车、火车或飞机旅行时,我们便进入了一个依赖于数学的世界。当我们接电话、看电视或看电影时,当我们用CD听音乐、登录互联网或用微波炉做饭时,我们使用的都是数学的产物。当我们去医院、办理保险或查询天气预报时,我们已信赖数学。倘若没有先进的数学,所有这些技术和设施都不会存在。

另一层误解是,对大多数人来说数学不过是数字和算术。而事实上,数字和算术仅仅是数学中很小的一部分。对我们这些行内的人来说,描述这门学科的最好措词是"模式的科学"。现代数学众多领域中比较著名的有数论(数的模式的研究)、几何学(形状的模式的研究)、三角学(考虑形状的测量)、代数学(研究把事物组合起来的模式)、微积分(连续运动和变化的模式的研究)、拓扑学(封闭性和相对位置的模式)、概率论(随机事件中重复性的模式)、统计学(现实世界数据的模式)和逻辑学(抽象推理的模式)。

导致这些普遍误解的原因不难理解,大多数为现代科学和技术打下基础的数学,至多只有三四百年的历史,而且有许多连一个世纪都不到。然而典型的高中课程所覆盖的数学大多数却至少有500年的历史,而且有许多超过了2000年。这就好比在文学课给我们的学生讲授荷马(Homer)和乔叟(Chaucer),而从不提及莎士比亚(Shakespeare)、狄更斯(Dickens)和普鲁斯特(Proust)。

再一个普遍的错误观念是,数学主要是关于进行计算或操作的表示符号以解决问题的学科。这个误解有点不同。任何一个科学家或工程师——更确切地说是任何学过大学程度数学课程的人——都不会抱有前两个错误观念,但可能只有纯粹的数学家才可能摆脱这第三个错误观念。原因是直到150多年之前数学家自己也如此认为。虽然他们早已将数学王国的疆界拓展到数和表示数的代数符号之外,但他们仍将数学视作以计算为主的一门学科。

然而在19世纪中叶,发生了一场革命。革命的中心之一便是德国的一个小小的大学城格丁根。那儿的革命领导者是狄利克雷(Lejeune Dirichlet)、戴德金(Richard Dedekind)和黎曼。他们对这门学科提出的全新观念是: 数学的主要焦点不是进行计算或算出一个结果,而是系统地提出并理解抽象的概念和关系——将重点从**做**转化为**理解**。仅仅只要一代人,这场革命就会完全改变纯数学家对数学的看法。然而,这是一场悄无声息的革命,只是在事情过后才被人们意识到。甚至对这场革命的领导人是否意识到他们正引领着一次巨大的改变,也是不甚了了。现代数学出乎意料地平静出现,使人想起德国作家拉伯(Wilhelm Raabe)的话,他在30年后写道,"花开无声"。[1]

19世纪50年代的这场革命,在一阵热潮之后,终于在20世纪60年代以"新数学"运动的形式进入中小学课堂。不幸的是,当有关的信息从一流大学的数学系进入中小学课堂之时,它已经被严重歪曲了。对1850年前后的数学家来说,计算与理解总是同样重要。而1850年的革命仅仅是在数学真正研究的是两者之中的哪一个,以及哪一个是支撑性技巧上进行**重点**的转移。但在20世纪60年代,这个国家的中小学教师们得到的信息却往往是,"别管计算了,就注意概念吧"。这样荒唐可笑且最终是灾难性的策略,使得讽刺作家莱雷尔(Tom Lehrer)在《新数学》(New Math)一诗中挖苦道,"只有方法是重要的,即使得不出正确的答案也无妨"。(顺便说一句,莱雷尔也是一位数学家,所以他了解那场革命的发起者的意图。)过了令人沮丧的几个年头,"新数学"(已经存在100多年)从教学大纲中被删去了。

## 黎曼

黎曼是一位不大有成功希望的革命家。他于1826年9月出生于那时属于汉诺威王国的名为布雷斯伦茨的一个小镇,是六个孩子中的老二。他是个安静、害羞并且多病的人,终生喜欢独处。在看来了解他内心世界的少数人当中,有一个是他的同事戴德金。在黎曼去世10年之后,他写了一本黎曼的传记。据戴德金说,除了黎曼真正糟糕的身体状况之外,他还是一名疑病症患者。

黎曼的父亲是当地路德教的一名牧师。他十分盼望黎曼成为一位神学家,但是黎曼很快就显示出其他方面的天赋——但在这些方面也有某些缺陷。最初他在汉诺威求学,由于思乡心切,后转到离家近得多的吕讷堡就读。他算不上是个模范生,从没能走上学习拉丁文的正轨,德语写作也很差。他一生都觉得写作很难。而且,他所能记住的只有那些他感兴趣的东西。

数学是他感兴趣的东西,从一开始周围的人就了解他的数学才能。另一方面,他对完美的狂热追求导致了许多他后来不得不去完成的任务。令他老师感到失望的是,他更愿意自己把事情搞清楚而不是去看课本上怎么说。但是当意识到黎曼与众不同的才华时,他的老师时常故意曲解学校的规定,使他能顺利地毕业。

黎曼在吕讷堡中学的校长施马尔富斯(Schmalfuss)说他自己借给黎曼程度较高的书籍来激励他对数学的兴趣。一次,他将勒让德(Adrien-Marie Legendre)的900页著作《数论》借给黎曼,他在一周内就送回这本书,并说,"这是本了不起的书,我已掌握了它"。

当黎曼成为一名大学生——在格丁根大学和柏林大学就读时——他终于抛弃了父亲的愿望,由神学转向数学,并于1851年在格丁根大学获得博士学位。至此,他已放弃了当初想做中学数学教师的念头,而是作为一名大学数学教师开始了一生的研究工作。他于1857年在格丁根大学被聘为副教授,并于1859年被聘为正教授。

黎曼的内向使他除了家人和亲密的同事之外,并没有结交太多的朋友,但也足以使他有机会认识了一位年轻的女士科赫(Elise Koch)——他妹妹的一位朋友。他俩陷入了爱河,并于1862年6月结婚。那一年秋天,黎曼染上了胸膜炎,导致了无法治愈的肺部损伤。之后,这对伉俪的大部分时光便在气候温暖的意大利度过。那里也是他们唯一的孩子,即女儿伊达(Ida)的诞生地。1866年7月黎曼在马焦雷湖畔的塞拉斯卡(Selasca)辞世。

尽管著名的数学家高斯(Karl Friedrich Gauss)也在格丁根大学任教,但在黎曼读本科期间,格丁根大学的数学并非强项,看来那时高斯已接近他研究生涯的尾声,对黎曼影响甚微。1847年,完成了在格丁根大学的第一年学习,黎曼转去了柏林大学。那里他在许多世界级的数学家,如著名的斯坦纳(Jakob Steiner)、雅可比(Carl Jacobi)、爱森斯坦(Gotthold Eisenstein)及狄利克雷的指导下学习,特别是最后一位对黎曼的影响最大。数学家克莱因(Felix Klein)写道:

> 由于内心对一种与自己相似的思想方法的强烈认同,黎曼被狄利克雷深深吸引。狄利克雷喜欢在一种直觉的基础上弄清事物;与此同时他会对基本的问题给出精确的、合乎逻辑的分析,并会尽量避免冗长的运算。他这样的方式很适合黎曼,于是黎曼采用了这种方式,并根据狄利克雷的方法工作。[2]

纵观他的一生,黎曼主要以一种直觉的方式在进行研究,他对于为使其成果无懈可击而必需的严格逻辑论据,从未表示过兴趣。虽然这样的方法使老一代数学家大为恼火(对他们而言计算是最重要的),但这却是黎曼最终成功的必不可缺的条件。对许多数学家来说"依赖于直觉的工作"只能偶然获得成功,但黎曼的数学直觉却是令人难以置信地准确,他的结论通常被后人证明是正确的。

1849年,黎曼回到格丁根大学攻读博士学位,不管如何,他得到了高斯正式的指导。在黎曼于1851年12月16日成功递交博士论文之后,高斯在正式报告中将这篇论文形容为"一个辉煌而丰富的创举"。

黎曼完成论文之时,那场数学革命正接近高潮。由狄利克雷开创的概念化、抽象化的研究方式正在开始取代过去的计算／算法观念。新一代数学家的理念是"在概念中思维"(Denken in Begriffen)。数学不再被认为主要是式子给出的学科,而是概念性质的载体。证明不再是一件按照规则来转换术语的事,而是一个对概念进行逻辑推理的过程。

当今的大学数学系学生对于那场革命所接受的许多新概念已非常熟悉,例如**函数**。狄利克雷之前,数学家习惯于这样的事实: 一个诸如

$$y = x^2 + 3x - 5$$

的式子,规定了这样一个规则,即任意给定一个数 $x$,就可以产生一个新的数 $y$。例如,设 $x = 4$,这个式子便产生 $4^2 + (3×4) - 5 = 23$ 这个数。狄利克雷说,忘记式子吧,请注意函数做了些什么事。狄利克雷认为,所谓**函数**是由已知数产生新的数的一种规则,而这种规则并不一定需要代数式子来规定。事实上,把注意力限制在数上是没有理由的。只要是取定一类对象并从中产生出新的对象的规则就是函数。按照这样全新的概念,把世界上的每个国家同它们各自的首都联系起来的规则就是一个真正的函数(尽管不是一个数学函数)。

数学家开始研究不是由某种式子而是根据其行为所规定的**抽象**函数的性质。例如,函数是否具有这样的性质:当你赋予它不同的初值时总产生出不同的结果?(这种性质称为单射性。)首都函数具有这个性质(不同的国家有不同的首都),但是数值函数 $y = x^2$ 并非如此(因为当 $x = 2$ 和 $x = -2$ 时都给出相同的答案 $y = 4$)。

这一研究方法在微积分的发展中特别富有成果。数学家将函数作为本来就应该是的抽象概念,研究它们的连续性和可微性。[3]法国的柯西(Augustin Cauchy)研究出他那关于连续性和可微性的著名的 $\varepsilon$-$\delta$ 定义——这个"$\varepsilon$"需要当今数学系的每一届新生花不少的精力去理解掌握。柯西的贡献尤其意味着数学家想要开始掌握无穷这个概念。在一次有戴德金出席的讲座中,黎曼说他们已经达到了"无穷概念的转折点"。

　　（对于有足够数学背景知识的读者，让我提一下以下的内容。1829年狄利克雷对一类**由概念定义**的函数推出它们可表示为傅里叶级数。在19世纪50年代，以一种类似的气质，黎曼**用函数的可微性**定义了一个复变函数，而不是一个被他视为次要的式子。黎曼在格丁根大学的同事戴德金仔细检验了关于环、域和理想这些新概念——每一个都是被定义为赋予某些运算的对象的集合。高斯的剩余类是这种研究方法——现在成了标准方法——的先驱，借此方法一个数学结构被定义为赋予某些运算的一个集合，而那些运算的规则是由一些公理规定的。）

　　像众多革命一样，这场革命在其主角登场之前很久就有了萌芽。希腊人明确地显示出他们企图把数学作为一种概念，而非仅仅作为计算的兴趣。在17世纪，莱布尼茨（微积分的两位独立发明者之一——另一位是牛顿）对计算和概念这两种处理方式都作过深入的思考。但总的来说，在黎曼和他的同事取得进展之前，数学主要是一大堆解决问题的过程——算法。

　　这个列于当今数学家开出的"要犯通缉榜"榜首的问题属于被称作解析数论的数学分支。在这个引人注目的学科中，微积分的方法作为由狄利克雷开创的数学研究新方法的一部分，被用来求得关于正整数的结果。黎曼是在他1859年发表的题为《论小于给定值的素数的个数》的论文中提出这个问题的。稀奇的是，这是他发表的唯一一篇研究数论的文章。他写这篇文章是为了表明他在那年早些时候已被选入柏林科学院，但也有人说是为了纪念高斯（高斯是公认的数论大师）。这篇文章写得很粗略，与其说是一篇公开发表的论文，不如说是草草写下的笔记。其中讨论了对理解素数分布有用的各种思想和方法。这个后来用他名字命名的问题看来差不多是作为一个后来的想法而插进去的——即对于某个黎曼解不出的方程的可能解所作的脱口而出的评论。在他随后写给他的同事魏尔斯特拉斯(Karl Weierstrass)的信中，黎曼承认这篇论文的临时性，在信中某处他说道：

> 当然，让它[**黎曼假设**]有一个严格的证明是值得期待的；同时，在随意地作了几次徒劳的努力之后，我暂时把寻找证明这件事搁置一旁，因为对我的下一个研究对象来说它看来是不必要的。

于是，传奇拉开了帷幕。

## 素数知多少

在较小的数中，素数十分常见。在2到20的数当中，2、3、5、7、11、13、17、19是素数，占这19个数中的8个。而余下的4、6、8、9、10、12、14、15、16、18、20都是"合"数，也就是说它们不是素数，因为它们每一个数都可以被更小的数(除了1)整除。

但当你查看越来越大的数时，素数就出现得越来越稀少。10以下的整数中有4个素数，而100以下的只有25个，1000以下的只有168个。我们可以把这些数据表示为素数的平均出现率。10以下的平均出现率为4/10(即0.4)，100以下为25/100(即0.25)，1000以下为168/1000(即0.168)。这些平均出现率可看作"密度"。要计算小于一个数$N$的素数的密度$D_N$，你只要把小于$N$的素数的个数$P(N)$除以$N$，即

$$D_N = P(N)/N$$

这里是1到10，1到100，1到1000，1到10 000，1到100 000和1到1 000 000中素数的密度：

| $N$: | 10 | 100 | 1000 | 10 000 | 100 000 | 1 000 000 |
|------|------|------|-------|--------|---------|-----------|
| $D_N$: | 0.4 | 0.25 | 0.168 | 0.123 | 0.096 | 0.078 |

越往后,密度便越小。这样的减小是一直持续,还是当到达某一点时开始逆转,让我们找到很多素数呢? 或许,当我们到达某一点后便不再有素数? 素数在全体计数数中出现的方式是否有某种模式? 这些问题及其他类似的问题让古希腊人着迷,并从此让数学家跃跃欲试。

欧几里得回答了其中的一个问题。他证明了素数是永远持续下去的——有无穷多个素数。他简洁而巧妙的证明常常作为当今大学数学课程中抽象数学推理的范例。(本章的附录中有这一证明过程。)另一类关于素数模式的问题更为棘手。其中有两个引起众多注意,但迄今为止任何努力都无果而终,它们便是孪生素数猜想和哥德巴赫猜想。

孪生素数猜想是指是否有无穷多个素数"孪生对"——仅相隔2的两个素数,如11和13,17和19。用计算机搜索已发现了许多这样的数对。迄今发现的最大一对孪生素数为

$$4\ 648\ 619\ 711\ 505 \times 2^{60000} \pm 1$$

这两个素数各有18 075个数字,是在2000年用计算机发现的。

哥德巴赫猜想是1742年由业余数学家哥德巴赫(Christian Goldbach)提出的,它说每一个比2大的偶数都是两个素数之和,如

$$4 = 2 + 2$$
$$6 = 3 + 3$$
$$8 = 3 + 5$$
$$10 = 5 + 5$$
$$12 = 5 + 7$$

2000年,人们通过计算机搜索证实,对400万亿($4 \times 10^{14}$)内的偶数哥德巴赫猜想成立,但猜想本身却依然未被证明。最接近这个猜想的研究成果是由中国数学家陈景润于1966年做出的,他证明从某个数 $N$ 开始,每一个比2大的偶数要么是两个素数之和,要么是一个素数和两个素数的乘积之和。(有趣的是,他的证明并没有告诉你 $N$ 是多少,而仅

仅是证明了存在这样一个数。)

有关素数模式的最深入观察之一是由黎曼的博士导师高斯率先提出的。高斯生于1777年,从小便是个天才,三岁时就为父亲的建筑公司计算员工工资。小学时,他在几分钟内就计算出了1到100的所有数字之和,让老师大吃一惊。老师出题时以为这会让全班学生在相当长的一段时间内保持安静,但高斯却注意到一条聪明的捷径。高斯说,如果你将这个求和式写两次,第一次按增加的顺序,第二次按减少的顺序写在第一次的数之下,像这样:

$$1 + 2 + 3 + 4 + 5 + \cdots + 96 + 97 + 98 + 99 + 100$$
$$100 + 99 + 98 + 97 + 96 + \cdots + 5 + 4 + 3 + 2 + 1$$

上下每一对的和都是101。总共有100对,所以这两行数的和是 $100 \times 101 = 10100$。而这正是每一行数之和的2倍(因为每行数字相同)。所以一行数之和是10100的一半,即5050。这也就是老师这个问题的答案。

1791年,只有14岁的高斯注意到素数的密度 $D_N = P(N)/N$ 近似于 $1/\ln N$,其中 $\ln N$ 是 $N$ 的自然对数。[4]高斯所能告诉我们的只是,$N$ 越大,近似的程度越好。他猜想这不会仅是一个巧合,通过取足够大的 $N$,就能使密度 $D_N$ 与 $1/\ln N$ 的接近程度达到你所要求的精度。高斯始终无法证明他的猜想。这件事最终在1896年由法国数学家阿达马(Jacques Hadamard)和比利时数学家瓦莱·普桑(Charles de la Vallée Poussin)用了一些绝对重量级的数学方法各自独立地完成。他们的成果在今天被称作素数定理。

这个研究成果至少有两个吸引人的方面。首先,它表明尽管素数看上去是以随机的方式出现,但它们逐渐稀少的方式却遵循着一个系统的模式。如果你观察任何一段有限长的数,这样的模式未必明显。沿着数增大的方向,不论你走得多远,你总能发现有一些素数集聚在一起,同样,你也能发现在要多长就有多长的区间里,一个素数都没有。然而当你收回目光,俯瞰整个计数数序列时,你会发现一个十分明显的模式:$N$越大,密度$D_N$越接近$1/\ln N$。

素数定理的第二个也是更为重要的特征是它所揭示的素数模式的性质。计数数是离散的对象,是大约8000年前我们的祖先为了物品交换而发明的(有些人更愿意说是发现的),而自然对数函数却仅仅是200年前由老练的数学家发明的。它并不是离散的;相反,它的定义依赖于对无穷过程的一种细致分析,并形成了那门有时被称为高等微积分、有时被称为实分析的学科的一部分。$\ln x$的几个等价定义之一是:它是指数函数$e^x$的反函数。

如果想用图表现素数,最显然的方法是在$x$轴上的每个素数处标一个点,如图1.1。

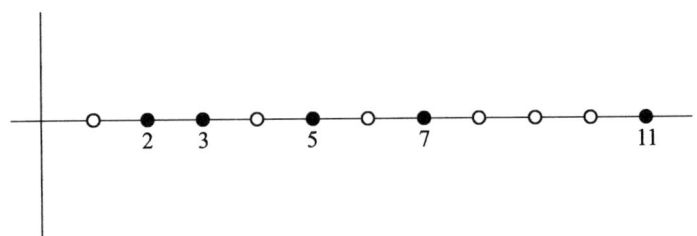

图1.1　素数的图示。

而函数$\ln x$的图像是一条光滑连续的曲线,如图1.2。问题是:为什么图1.1中$x$轴上这些间距不规则的点与图1.2中这条光滑的曲线会有联系? 函数$\ln x$怎么会告诉我们关于素数分布模式的事情?

## 数的地形学

对大多数外行人来说,做数学意味着要学会一大堆毫无联系的规则和技巧来解答各类问题。当遇到一位数学家对你说,"噢,这很明显,

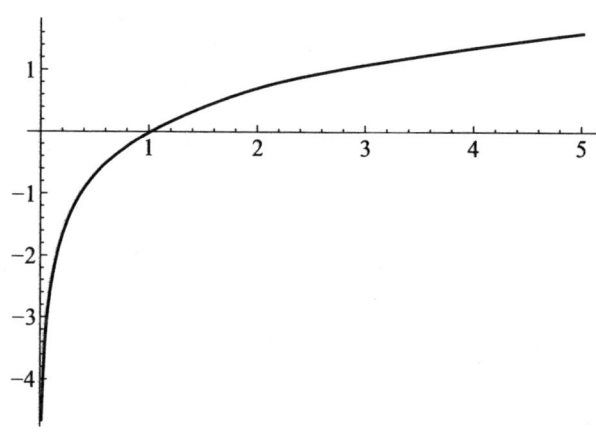

图1.2 自然对数函数ln $x$。

你这样做,再这样做,然后答案就这样出来了",一般人一定会以为做数学需要一个特殊的脑袋。事实并非如此。[5]使得数学家在这种情况下知道该怎么做的主要原因是他们看到了针对问题领域的一种潜在结构。如果你能看出这种结构,你会很清楚下一步该做什么。

比如你去森林中远足,却迷路了。该选哪条路走呢?如果站在地面,仅仅观察周围的景物,你不得不依赖于猜想。一个好得多的办法是爬上一棵大树或走到附近的高地上,从那儿你可以全面地看清地形情况。当了解了你的所在地与周围地形的关系之后,你就能较有把握地决定走哪条路。

数学同样如此。数学知识并不是一大堆孤立的事实。每一个分支都是一个有联系的整体,而且许多分支之间也是有联系的。把数学想象成一片高低起伏的地形,那么它的许多地方为茂密的森林所覆盖,为浓厚的迷雾所笼罩。用不断尝试的方法到处寻找出路,不大可能会让你达到目的地。有效的方法是尽可能全面地了解地形,借此找到通往目的地的最佳路线,避开湍急的河流,绕过险峻的高山和危险的悬崖。那又该如何去获得这全局性的知识呢?首先你得先了解周围的情况,寻找高地或大树,爬上顶端,以便更好地观察地形。幸运的话,可以看到高山。爬上高山,你可以全方位地观察到好多千米之外。当然,山越高,视线越佳,但要爬到顶端当然也就越难。那些看来只是"知道"如何解题的人,实际上是花了足够的时间来探索数学地形并养成了对地形的一种良好的判断力。

职业数学家还能以另外一种更直接的方法利用地形模拟法。他们以地理学的方式看待抽象数学从而对其进行大量的研究。例如,图1.3是一幅由计算机生成的对应于数学公式 $z = \sin(xy)$ 的地形图。这个公式十分抽象,需要训练和努力学习才能理解。但另一方面,几何图形能让你一瞥就知道很多东西。

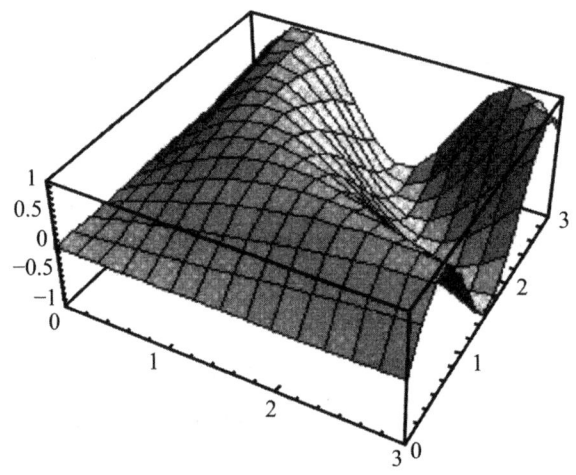

图1.3 函数 $z = \sin(xy)$ 的图像。

19世纪50年代革命之后,数学家开始意识到,理解计数数更深层性质的最好的(或许是唯一的)方法是在一个合适的地形(也就是几何)背景中观察它们。这个背景被称作复平面。

许多早期的数学发展可以被认为是由可用于解决复杂程度不断增加的数学问题的数系的发展推动的。最基本的数是计数数,它大约于公元前8000—前5000年起源于现在所称的中东。古代苏美尔文明引入了它,用于贸易。计数数——现代数学家所称的自然数——适合用于对成批的对象进行计数,但也仅限于此。

大约到公元前700—前500年,古希腊人开始发展他们的数学时,才从计数数扩展到允许使用分数——现代数学家称为(正)有理数。有了分数,我们可以计算或测量整体中的部分了。起初,希腊人认为有理数足够让人们完全精确地测量长度,但是大大出乎他们意料的是他们发现事情并非如此。某些他们能在几何上作出的长度并不能用有理数精确测量。

比如,作一个直角三角形,两条直角边都是1个单位长度,它的斜边长度就不是一个有理数。根据毕达哥拉斯定理,这条斜边长度为 $\sqrt{2}$ 。一位年轻的希腊数学家证明了这个数不能表示成两个整数之比。根据传说,结果他的同行们为了防止这个可怕的消息外泄而将其推下大海溺死。无论这是否属实,秘密还是传了出来。这个发现对于许多古希腊数学来说是毁灭性的,它再也没有从这个知识所带来的震惊中恢复过来。

为了测量所有的几何长度,数学家不得不发展出一套更为丰富的数系,它不仅包括自然数和有理数,还有许多其他的数。所有这些数统称为实数。

像自然数和有理数一样,实数也有直观上可接受的几何图示。我们可以将自然数视作一条直线上的点,先是0,然后是1,接着是2、3、4,等等。我们可以将有理数视作这条直线上的中介点。如 $\frac{1}{2}$ 就是在0到1的正中间, $2\frac{3}{4}$ 在2和3之间的四分之三处,等等。如果我们又规定这条直线是连续不断的,即没有中断和间隙,那么实数就是这条直线上所有的点。

实数作为一条连续直线上的点这种图示直观自然,但从数学上予以理解就成了一件棘手的事。虽然后来古希腊人和此后所有的数学家都使用实数,但直到19世纪下半叶,人们对实数才有了全面深入的理解。

同样是到19世纪,数学家才终于认可负数是真正的数。在此之前,一个简单的代数方程,例如

$$x + 5 = 0$$

被视为无解(当然在今天我们会说它的解是 $x = -5$)。

16世纪,与数学家第一次认真地与负数问题较劲差不多同时,对于如

$$x^2 + 1 = 0$$

的方程,数学家也在与其奋力搏斗。

因为任何实数(无论正数还是负数)的平方都是正数,这样一个方程就不可能有解。至少,这个方程不可能有实数解。但是存在着出现这种方程的有物理意义的情况,在这些情况下,这个方程应该有解。例如在16世纪,意大利人卡尔达诺(Girolamo Cardano)[通常被人们称为卡尔丹(Cardan)]在他的《大术》(Ars magna,一本关于早期代数方法的书)中提供了一个解所有三次方程的方法,这一方法类似于二次方程 $ax^2 + bx + c = 0$ 的求根公式

$$x = \frac{-b \pm \sqrt{b^2 - 4ac}}{2a}$$

然而,二次方程的求根公式能马上给出解,而卡尔丹解三次方程的方法却需要好几个步骤,其中涉及产生中间结果的公式。对某些三次方程,即使最后的解是实数,但中间值却包含了负数的平方根。卡尔丹说虽然求出负数的平方根"显然不可能",但倘若最终的结果是实数,它被允许继续参与运算。凡在中间某一步出现一个负数的平方根,接着就被平方,这样的情况就可以发生。如中间步骤中出现 $\sqrt{-3}$,平方后得到的是实数 $-3$。卡尔丹称这样的中间结果是"诡异的",因为(在他看

来)这些中间结果并无任何实际意义。看来是欧拉于1770年在他的著作《代数》(*Algebra*)中首先将负数的平方根称为"虚数"。他指出,"诸如 $\sqrt{-1}$、$\sqrt{-2}$ 这样的表达式,是不存在的数,或者说虚数"。

那么,这些虚幻的中间结果的本质又是什么呢?为了使一种在其他方面完全能让人接受的计算有意义,卡尔丹之后的数学家发明了——或者用"引入"这个较不含蓄的词——如今人们所称的复数。为得到复数,你先假设一个新数i,它具有性质

$$i^2 = -1$$

数i(口头术语是 $\sqrt{-1}$ 或者"-1的平方根")不是实数;这意味着它并不是实数直线上的点。但你可以把i与任意实数 $k$ 相乘形成一个新数 $ik$。用这种方法得到的数叫做虚数(imaginary numbers,这就是为什么虚数要用字母i表示)。如5i就是一个虚数。没有一个虚数在实数直线上(除了0i,因为那就是0)。在几何上,全体虚数组成了第二条直线,与实数直线垂直,如图1.4所示。

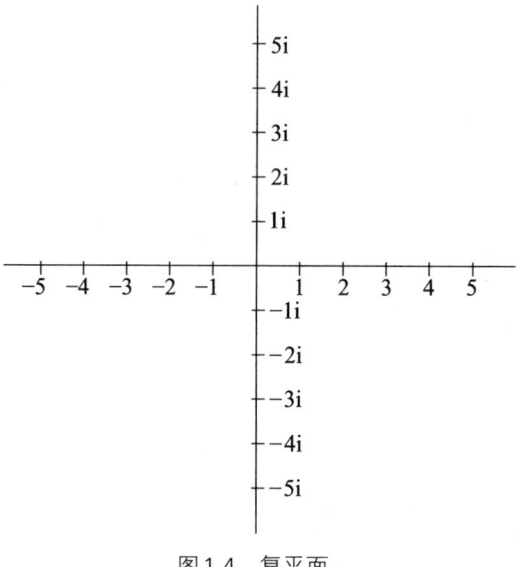

图1.4 复平面。

任何实数都可与虚数相加,得到一个新的数。如实数 $1\frac{2}{3}$ 加上虚数

5i 就得到新的数 $1\frac{2}{3}+5i$。这样一个实数和一个虚数的组合称作复数。

从几何上说,复数是二维平面上的点,其 $x$ 轴是实数直线, $y$ 轴则是虚数

直线。例如: 复数 $1\frac{2}{3}+5i$ 是 $x$ 坐标为 $1\frac{2}{3}$ 而 $y$ 坐标为 5 的点。为了定

出这个复数,你从坐标原点开始沿着 $x$ 轴移动 $1\frac{2}{3}$ 个单位,然后垂直向上

移动 5 个单位。如图 1.5 所示。

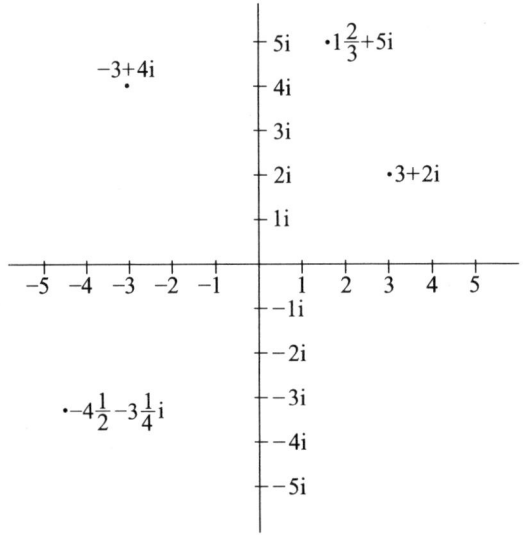

图1.5 作为复平面中点的复数。

正如所有自然数都必然是有理数那样(整数可以看作分母为1的

分数),所有的有理数都必然是实数,同样,所有的实数也必然都是复

数: 对每个实数只要加上0i。

复数和实数一样也可以进行加、减、乘、除四则运算。对两个实数

实行四则运算后,其结果仍然是实数。对两个复数进行这些运算之后

其结果也是复数。于是,对于做算术运算来说,除了运算规则稍稍复杂

一点之外,复数与实数十分相似。

虽然人们越来越多地用复数来解决问题,但只有在高斯("复数"是

他取名的)支持使用复数之后,大多数数学家才承认复数是合法的数学对象。最近几十年,复数已在数学、物理学与工程的大量领域中展现出其无与伦比的作用。例如,在电流的标准理论中就要用到复数,而在第二章中我们还将看到,i出现在量子力学最基本的方程中。可以证明,与实数相比,用复数进行研究最显要的好处是,每一个算术(即多项式)方程都会有解。

从几何上来说,复数也远比实数优越。实数并不具有真正的几何;它们只是直线上的点。你唯一所能做的是测量直线上的距离。而复数形成一个二维平面,那意味着你能做某种真正的几何。那不用说了!主要是在19世纪研究出来的复平面几何学是数学中最丰富、最美丽的一个部分,而它的应用远远超出了16世纪最早发现复数的数学家的想象。

用威力强大的微积分技术所加强了的几何方法,使得人们发现了关于复平面的一些最深刻的结果。不必恐慌,虽然做微积分需要相当多的高级数学训练,但理解它的含义及运算原理并不太难。

## 运动交响乐

正如我已提到的,数学是关于模式的科学。数学家所研究的模式,可以从我们周围的世界中取来,也可以从其他一些学科甚至从数学本身抽象出来。对一特定模式的数学研究能脱开内容,以具体最抽象的方法进行。不同的模式形成了数学的不同分支。微积分,更准确地说是微积分学,就是对连续运动和变化的模式的数学研究。

阿基米德(Archimedes)和达·芬奇(Leonardo da Vinci)是试图用数学描述连续运动的思想家中的两位,他们的努力方向虽然正确,但没有成功。17世纪中叶,英国的牛顿和德国的莱布尼茨各自独立地想出了正确的方法,并取得了关键性的突破。他们的想法可以用制作电影做比喻来理解。众所周知,在看电影时,我们在屏幕上看到的连续运动是一种视错觉。我们真正看到的是一系列快速移动的静止画面。每幅静止的画面在屏幕上仅停留约1/24秒,两张相继的画面之间差异很小。事实上差异如此之小,以至于当这些静止的画面以每秒24张或更快的速度播放时,我们无法看出从一张画面到下一张画面之间的不连续改变。我们觉得那是连续的运动。

微积分的原理同样如此,只不过是以数学的方式。在微积分中,我们取某一连续运动,并将其视作一系列的静止状态。各个画格被认为是静止的,可以用算术和几何的常规方法在数学上进行分析。我们这样分析这个运动:检查一对相继的静止状态之间的变化,比较从一个状态到下一个状态的数学分析结果。不过,为了让数学起到有效的作用,我们得想象这一系列静止状态的前进速度远比愚弄人眼的每秒24幅快得多。我们得想象每个静止状态只持续无穷小的时间,而画格则以无穷大的速度前进。

当然没有一台电影放映机可以造得能以无穷大的速度放映胶片。但是在数学上可以。实际上,牛顿和莱布尼茨就是这样做的。他们发展了数学方法,以便精确地分析前后两个状态的无穷小差异。当今数学家称这样的无穷小差异为微分。这一整套理论就叫做微积分学。(第四章中对微积分学有更为详尽的介绍。)

为了使这种方法有效,必须有可能描述这种运动,因此要用优美合理的数学规则或方程来解析这种运动。多项式方程就不错。其他各种数学规则,包括三角函数 $\sin x$($x$ 的正弦函数)、$\cos x$($x$ 的余弦函数)和前面提及的自然对数函数 $\ln x$ 也不错。

关于连续变化的一个特例是一个地形的高低起伏,这个地形上没有像悬崖峭壁和裂隙深渊那样的高度突变。当给出确定任意点高度的规则或方程后(参见图1.3),便可以运用微积分计算出斜坡上任一点有多陡,哪里是最高的山顶,哪里是最低的谷底,这斜坡将会趋于陡峭还是渐渐平缓——总之我们可以描绘出一幅包含每一点形态的态势图。

在复平面中,设想我们有一条把每个复数$z = x + iy$各自与一个实数$f(z)$相联系的规则$f$。数学家把规则$f$称为"复变量的实值函数"。我们可以认为数$f(z)$是一地形上坐标为$(x, y)$的那一点的"高度"。假如这条规则有了一个适当的数学表述——像多项式方程、正弦、余弦或自然对数——这地形中就不会有悬崖峭壁或裂隙深渊,我们便可以用微积分去研究它(图1.3中若将$xy$面看作复平面,情况便是如此)。如果规则$f$来自数学其他领域中的一个问题,我们也能用同样的方法先在几何上描述这个问题,然后用微积分的方法来研究,也许最后就能解决它。

但这仅仅是开始。当你认识到既然复数确实是数,那么你可以有把复数$z$不是与实数$r = f(z)$相联系,而是与另一个复数$w = f(z)$相联系的规则,此时用具有复数的微积分就显现出真正的威力了。这样的规则被称作"复变量的复值函数",或简称复变函数。一个复变函数将复平面上的每一点与一种其本身为复数的广义"高度"相联系。你以这种方法描绘出的"地势"是无法用视觉辨认的,但是数学——代数、几何和微积分——依然在其中适用。它确实表现杰出,在许多情况下比起运用实数来能更快更容易地得出结果。就好像数学之神说过这样的话:"相信我:作为对你有勇气研究不可见之物的回报,我将使数学研究变得更简单。"

素数的模式正是这么回事。


## 黎曼的$\zeta$函数

既然自然数都是复平面内的点——它们都在$x$轴的正半轴上——

当研究复平面性质的时候,我们有时能推导出关于自然数的事情。用微积分(或其他方法)分析某些复变函数的性质以研究自然数是数学的主要领域之一,被称作解析数论。黎曼问题就是解析数论中的一个问题。

　　用解析数论去研究素数模式的关键是找到一个能提供素数信息的函数。迄今已发现了几个这样的函数。第一个是由著名的瑞士数学家欧拉(Leonhard Euler)发现的,他于1740年提出一个用希腊字母 $\zeta$ 命名的函数。欧拉的"$\zeta$ 函数"把任意一个大于1的实数 $s$ 和一个新的实数 $\zeta(s)$ 联系起来。给定一个 $s$,要计算 $\zeta(s)$,你必须计算下列无穷和的值:

$$\zeta(s) = \frac{1}{1^s} + \frac{1}{2^s} + \frac{1}{3^s} + \frac{1}{4^s} + \cdots$$

　　解读这个公式要小心,因为它用了我所谓的数学家的"省略号"。公式右边的三个点可能看上去无关紧要,但并非如此。它告诉我们这个求和过程将遵循着由前四项所确定的模式永远持续下去。这样,第5项是 $\frac{1}{5^s}$,第6项是 $\frac{1}{6^s}$,依次类推。

　　显然,你无法一次将无穷多项相加而得到总和。但是有求得答案的数学方法。如果 $s$ 小于等于1,所得出的和将是无穷大。也许会令人惊讶,如果 $s$ 大于1,和将是有限值。(这就是为什么欧拉限定 $\zeta$ 函数只能用于 $s$ 大于1情况。)直观上来看,当 $s$ 大于1时,在这求和式中相加的各项 $\frac{1}{1^s}$、$\frac{1}{2^s}$、$\frac{1}{3^s}$ 等等减小得如此之快,快得即使你将这无穷多个项相加,结果仍然是一个有限值。有趣的是,当 $s=2$ 时,欧拉算出 $\zeta(2) = \frac{\pi^2}{6}$(如果你想更详细地了解数学家是如何计算无穷和的,而且急于知道是什么导致欧拉想到 $\zeta$ 函数的,请参见本章后面的附录)。

　　$\zeta$ 函数与素数又有什么关系呢? 欧拉证明了对大于1的任意(实)数 $s$,$\zeta(s)$ 等于无穷乘积

$$\frac{1}{1-\left(\frac{1}{2}\right)^s} \times \frac{1}{1-\left(\frac{1}{3}\right)^s} \times \frac{1}{1-\left(\frac{1}{5}\right)^s} \times \frac{1}{1-\left(\frac{1}{7}\right)^s} \times \cdots$$

这个积就是所有形如

$$\frac{1}{1-\left(\frac{1}{p}\right)^s}$$

的项相乘所得的积,其中 $p$ 为全体素数。

尽管无穷和的定义看似复杂,但 ζ 函数有不少良好的数学性质。特别是,其图像是光滑的(没有间断和跳跃),因此可以用微积分的方法对其进行研究。

作为一个实数到实数的函数,ζ 函数是个一维的对象。因此,虽然通过欧拉的无穷乘积可以让它与素数相联系,但它没有丰富的几何结构来帮助你揭示素数的模式。基于这样的考虑,研究必须是二维的。黎曼就迈出了这关键的一步。他用复数 $z$ 代替实数 $s$,使 $\zeta(z)$ 函数的值也成为复数。

已经证明欧拉的无穷和对某些复数并没有意义。但是一种被称为解析延拓的精巧数学方法解决了这个难题。关于解析延拓的介绍超出了本书的范围,这里只概括讲一下它的思想。

记住,数学之神对那些勇于钻研复变量的复变函数的人总是十分慷慨。数学之神提供的一种美妙特色就是:对于像 ζ 函数这样的情况,有一种可供替代的求函数值的方法,**它几乎对所有的复数都适用**,包括所有或许多使原来的公式没有意义的复数。对于 ζ 函数本身,这种可供替代的方法能让我们计算任何复数 $z$ 的 ζ 函数值——除了 $z=1$ 这一特例之外。从函数的初始定义到这种可供替代的方法的过程称作解析延拓。因为黎曼是做出这种转换的第一人,所以**复变**函数 ζ 通常也称作黎曼 ζ 函数。在黎曼1859年的那篇著名论文中,他运用了 ζ 函数来探讨素数的模式。

他的本意是为了证明高斯的猜想,即对于较大的数 $n$,小于 $n$ 的素数的密度 $D_n$ 被 $1/\ln n$ 所逼近,这结果是现在我们熟知的素数定理。虽然他未达到目的,但是他的工作提供了素数与复平面几何之间的坚实联系。不仅如此,他的方法还为阿达马和普桑最终于1896年证明素数定理打下了基础。

黎曼发现 $\zeta$ 函数与素数的关键联系是:密度函数 $D_n$ 与方程 $\zeta(z)=0$ 的解有密切的关系。

由这个方程解出的任何复数都被称作 $\zeta$ 函数的"零点"。在那篇仅有 8 页的论文中,黎曼对 $\zeta$ 函数的零点作了大胆的猜测。他首先注意到 $-2,-4,-6,\cdots$ 都是零点。也就是说,当 $z$ 是负偶数时,$\zeta(z)=0$。他接着证明除了这些实数外,$\zeta$ 函数还有无穷多个其他的复数零点。他猜测,所有这些其他的零点都可表示为 $z=\frac{1}{2}+ib$ 的形式,其中 $b$ 为实数,即它们的实部都是 $\frac{1}{2}$。从几何上来说,$\zeta$ 函数的所有非实数零点都位于复平面内经过 $x$ 轴上 $\frac{1}{2}$ 这一点的竖直线上——这条直线通常称为临界线(如图1.6)。

阿达马和普桑证明素数定理时,并不需要这个关于零点的猜想(现在被称为黎曼假设)。由黎曼 $\zeta$ 函数所提供的素数与复平面几何之间的联系对他们证明素数定理已经足够了。但如果黎曼的猜想是正确的,那么它将对我们关于素数的知识产生重大的意义。黎曼证明如果 $\zeta$ 函数的所有复(非实)零点都有实部 $\frac{1}{2}$,则密度函数 $D_n$ 与曲线 $1/\ln n$ 之间的差异程度以一种系统的随机方式变化,正如你重复掷硬币时得到头像一面的比率与 $\frac{1}{2}$ 之差异的变化。这意味着,虽然无法准确地预测下一个素数会在哪里出现,但总的来说素数的模式是非常有规律的。

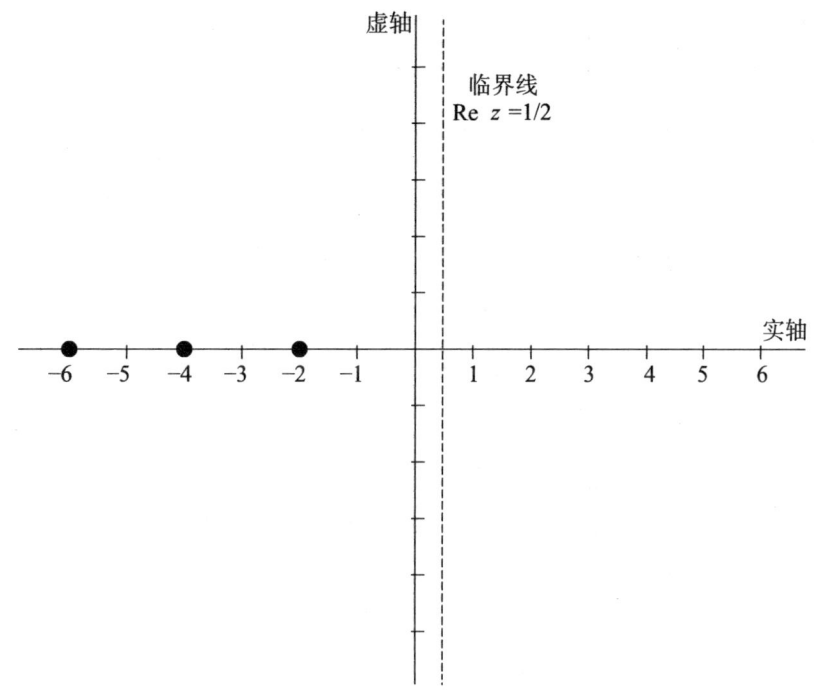

图 1.6　黎曼 ζ 函数的零点。对所有的负偶数 $n,\zeta(n)=0$。黎曼假设说，
使得 $\zeta(z)=0$ 的无穷多个其他复数 $z$ 都位于临界线 $\mathrm{Re}\ z=\dfrac{1}{2}$ 上。

对黎曼假设的证明会产生关于素数模式的更多信息,这些信息不仅仅对数学而言十分重要,对于现代生活的重要组成部分,即网络安全也有深远的影响。

## 黎曼假设与万维网

每次在银行使用自动取款机或在互联网上进行商业交易时,你都依赖于素数的数学理论来确保交易安全。下面作一解释。

从人们开始传递信息的那一刻起,下面的问题就产生了:如何防止截获这一信息的非授权人了解信息的内容。回答是对信息编码(专业术语叫"加密"),这样只有预期的接收者才能得知原初的内容。恺撒

（Julius Caesar）就运用了一种非常简单的系统加密信息，传送给欧洲各处指挥罗马军团的将军们。他只不过根据一条固定的规则，在每一个词中用一个字母代替另一个。例如对每个字母用其在字母表中的再下一个字母来代替其本身（A代替Y，B代替Z）。经过这样加密的信息看上去完全不能阅读，然而，现代的译码家可以轻而易举地破译恺撒的密码。

如今，由于想成为密码破译者的人都能借助计算机的力量，设计安全加密系统极为困难。（第二次世界大战期间，发展计算机技术的主要动力来自于交战各方对破译敌方密码的需要。）如果对加密文本有任何"可识别"的模式，用一台强大的计算机进行精密的统计分析，密码通常可以解开。因此，你的加密系统需要足够牢靠，以抵抗得住计算机的攻击。

如今的加密系统总是由两部分组成：一个加密程序和一个"密钥"。前者是一个典型的计算机程序，在最广泛使用的系统中，则是特别设计的计算机芯片。密钥通常是一个秘密选定的数字。对某一信息的加密，系统需要的不仅是信息，还有被选定的密钥。加密程序对信息进行加密，使得加密的文档只有用密钥才能解密。由于信息安全依赖于密钥，因此同一加密程序可被许多人使用很久。这意味着可以把大量的时间和精力投入加密程序的设计。这很像保险箱和锁的生产商可以将同一款设计的锁卖给上百万的用户，而每个用户依靠其钥匙的唯一性来确保安全，这钥匙可以是一把实体的钥匙，也可以是一组保密的数字。就像敌人知道了你使用的锁的设计却不能打开它一样，敌人也可以知道你使用的加密系统，却无法破译你加密的信息。

在早期的密钥系统中，信息的发送者和接收者事先商定一个密钥，然后用于双方信息的传送。只要他们将密钥保密，系统将是（或被认为是）安全的。这种方式明显的弊端是发收双方必须事先约定密钥。由于双方显然不愿通过任何会被截取的通信渠道传递密钥,所以必须事先碰头选定密钥(或找个信得过的人转达)。这样的方法在许多情况下并不适用。特别是在国际银行业务与商贸中,其中经常需要向世界各地的从未谋面的人传递安全信息。

1975年,两位数学家迪菲(Whitfield Diffie)和赫尔曼(Martin Hellman)提出了一种新型的加密系统:公开密钥的密码系统。它需要两个密钥而不是一个,一个用于加密,另一个用于解密。这样的系统使用方法如下:假如玛丽亚是这个系统的新用户,她有相应通信网络中所有成员都使用的标准程序(或者说特殊的计算机芯片)。然后她创建了两个密钥,一个是她自己用于解码的密钥,由她自己保密。另一个供网上任意一位向她发送信息的人用于加密。她将这个密钥公布在一个网络用户号码簿中。这样,当她给网上任何一位发送信息时,她只要找出那个人的公开的加密密钥,用这个密钥加密信息后发出。而解密时知道加密密钥(每个人都能知道)是没有用的。所需要的解密密钥只有预期的接收者自己知道。

现已发展了好几种具体的方法来实现迪菲和赫尔曼的一般设想,其中获得最大支持且至今仍作为工业标准的方法,是由麻省理工学院的里韦斯特(Ronald Rivest)、沙米尔(Adi Shamir)和阿德尔曼(Leonard Adelman)设计的。它的名字取三人姓氏的首字母,称为RSA系统,由位于加利福尼亚雷德伍德城的商业数据安全公司,即RSA数据安全公司上市。RSA系统使用的保密的解密密钥(本质上)包含两个很大的素数(每个有100位),由用户自己挑选。(选素数用计算机进行,不会从任何公开发表的素数表中选择,否则会被敌方识破。现代计算机能很容易找出大素数。)公开的加密密钥则是这两个素数的乘积。系统的安全性依赖于这样一个事实:至今尚无对大数快速进行因子分解的方法。也就是说实际上不可能从公开的加密密钥(两个素数的乘积)中得出解密密钥(两个素数)。信息加密相当于求两个大素数的乘积(很容易得到),而解密相当于其逆运算因子分解(很难算出)。(系统实际运算并非如此简单,其中还涉及一些适当难度的数学。)

当今,一台强大的计算机在几天内所能分解的最大数有大约90到100位。所以用两个100位素数的乘积,即一个200位数作为密钥,会使RSA系统十分安全。但是存在一种危险,数学家用来分解大数的方法并不是像你在求221的素因子时会用的那种简单的试错搜索法。那样的方法对小的数是完全适用的,但是用它来分解一个60位数,就要让一台强大的计算机花上一年多的时间。数学家不用这种方法,而是用一些高深精妙的方法寻找素因子。他们发现的方法巧妙而有效,并且日趋完善。这些方法运用了许多我们已了解的素数知识。每当我们对素数的了解有进步时,总有可能导致因子分解出现新的方法。

由于黎曼假设告诉了我们如此多关于素数的信息,对这一猜想的证明很可能使因子分解方法有一个巨大的突破,而并不在于我们终于知道这个假设是成立的。在假定这个假设成立的前提下,数学家对它导致的结论已研究了许多年。事实上,一些因子分解方法就建筑在假定这个假设成立的基础上。相反,密码界所关心的是,证明这个假设成立的方法会对素数模式产生新的认识,从而产生更好的因子分解方法。

于是很显然,由于互联网安全问题迫在眉睫,当代数学中的一些重大问题悬而未决,黎曼问题的含金量远比一百万美元的千年大奖要高。

## 黎曼假设成立吗

尽管黎曼没能证明他的猜想,但究竟是什么让他想到这个猜想的呢?我们也许永远不会知道。19世纪杰出的数学家克莱因这样评价黎曼的论文:"黎曼一定是经常依靠他的直觉。"

黎曼去世后,学者们查阅了他的手稿,他们发现了这样引人注目的注记:"$\zeta(s)$(即所讨论的函数)的这些性质是从它的一个表达式中推出的,但我没能将这个表达式简化到可以公布于众的形式。"[6]没人知道黎曼所提到的表达式是什么。也许与他在论文中所建立的结果有关:存在另一个函数$\gamma(s)$,使得对于所有的复数$s \neq 1$,有

$$\pi^{-s/2}\gamma(s)\zeta(s) = \pi^{-(1-s)/2}\gamma(1-s)\zeta(1-s)$$

这个等式说明$\zeta$函数在变量为$s$时的值与它在$1-s$时的值紧密相关。换种说法,$\zeta$函数关于临界线(即过实轴上$\frac{1}{2}$点的竖直线)成某种对称。或许黎曼会凭直觉判断这个对称造成所有的零点都位于这条对称线上?我们无从得知。

我们一直希望能在黎曼的笔记中找到线索。1932年数学家西格尔(Carl Ludwig Siegel)仔细研究了黎曼的所有论文,他报告道:"黎曼没有打算出版任何关于$\zeta$函数的手稿;有时,同一页发现了不相关的公式;更常见的是只写了一边的等式;关于收敛的余项估计和研究总是残缺的,甚至在一些关键点上也是如此。"[7]有段时间,经克莱因和兰道(Edmund Landau)宣扬,人们普遍认为,黎曼靠"伟大的概括性思想"得到结论,而不是使用正规的分析方法。但是西格尔否定了这种说法。

事实上,我们也许永远不会确切知道黎曼是如何得出他的想法的。但我们最终能知道这种想法的正确与否吗?

通过计算机,数学家成功证实了黎曼假设对于$\zeta$函数的前15亿个零点是成立的。("前"意味着最靠近实轴。)在生活的大多数方面,提供这种程度上的证据是可以让人信服了,但是在数学上却不是这样。计算机的工作仅仅告诉我们:如果存在不位于通过实数$\frac{1}{2}$的竖直线的零点,那么它将会是个很大的数。但那又将怎么样呢?由于数是无穷尽的,因此就有着大量的可能性使得一个不符合黎曼准则的零点存

在。或许这样的一个零点是存在的，只是它太大太大了，任何计算机都不能处理——永远不能处理。

然而，大多数数学家相信黎曼的猜想是正确的。

或许关于黎曼假设的最吸引人的结果是它与量子物理学的联系。1972年，美国数学家蒙哥马利（Hugh Montgomery）发现了一个公式，它描述了临界线上ζ函数零点之间的间距。物理学家立刻从这个公式联想到了核物理学中的研究。到20世纪80年代，人们意识到蒙哥马利的公式给出了理论物理学家所谓的量子混沌系统中的能级之间的间隔，这种与物理学的联系就变得更为明显了。于是就产生了两种可能：黎曼假设的证明可能在量子物理学中衍生出一些结果，或反过来，量子物理学的思想可用来证明黎曼假设。法国数学家孔涅循着后一种可能，写出了一组方程，这组方程规定了一个假设的量子混沌系统，而且这个系统把所有的素数都作为它的组成部分。他还证明，这个系统有着对应于临界线上所有ζ函数零点的能级。如果——看来这是关系非常重大的"如果"——他能证明除了这些与能级对应的零点外没有其他零点，那他也就证明了黎曼假设。

如果孔涅的方法有效，那将是数学与量子物理学之间联系的非凡例证，也是第一次用量子物理学的方法解决纯数学问题。

## 附录 I    欧几里得对有无穷多个素数的证明

显然,欧几里得不能通过列出所有的无穷多个素数来证明。他不得不间接去证明。他要证明的是不存在最大的素数。下面是他的证明的现代形式。

假设存在一个最大的素数,称为P。

欧几里得把从2到P的所有素数相乘。你不必真正进行这个运算。你怎能做得到呢?你没有P的实际数值,但是你只要将计算结果记为N,不用管它是多少。这样

$$N = 2×3×5×7×11×\cdots×P$$

现在看看数N + 1。它显然比P大。欧几里得宣称N + 1是一个素数。如果他是正确的,这将证明不存在最大的素数。为什么?让我们回过去看看刚才所说的。我们开始时假设(这或许有悖于我们的更好判断)事实上存在一个最大的素数,我们称它为P。现在,根据欧几里得的做法,我们发现了一个更大的素数N + 1。居然比最大的素数还大?别胡扯了!这是一个逻辑矛盾。因为我们通过假设存在一个最大素数而推出了矛盾,这假设必是矛盾产生的根源。(我们做的其他工作只是给这个最大素数命名为P,然后通过直接相乘而获得数N,而这两个步骤都不会产生矛盾。)因此,结论是事实上不存在最大的素数。

那么欧几里得怎样证明N + 1是素数呢?下面是我们在上面遗漏的步骤。他先是问道,如果N + 1不是素数,将发生什么?在这种情况下,根据算术基本定理,N + 1必是素数的乘积。特别是,N + 1能被某个较小的素数,比方说M整除。但是M能整除N(因为N是所有素数的乘积),因此,当你用M去除N + 1时,将留下余数1。我们再次遇到一件矛盾的事:M能整除N + 1,又M除N + 1时余数为1。这再一次意味着我

们的初始假设一定是错的——这次是假设N + 1不是素数。这样（基于
P是最大素数的假设）N + 1确实是一个素数。[8]

## 附录Ⅱ 数学家怎样计算无穷和

数学家如何计算像ζ函数那样的无穷和？一个更基本的问题是：
一个无穷和怎么会有一个有限的答案？

假如你把所有正整数的平方相加而得到一个无穷和，我们着手把
其中的项一项一项地加起来：

$$1 + 4 + 9 + 16 + 25 + \cdots$$

那么我们相继得到的答案是1 + 4 = 5，5 + 9 = 14，14 + 16 = 30，
30 + 25 = 55，等等。因为这些部分和迅速增大，这个无穷和的答案将是
无穷大。现在看看全部正整数平方的倒数的和：

$$\frac{1}{1} + \frac{1}{4} + \frac{1}{9} + \frac{1}{16} + \frac{1}{25} + \cdots$$

即

$$1 + 0.25 + 0.11111 + 0.0625 + 0.04 + \cdots$$

对于这个无穷和，相继的部分和是1，1.25，1.36111，1.42361，
1.44361，等等。这些部分和在增加，但是加上的数越来越小，看上去至
少有一种可能性：这个无穷和将有一个有限的答案，可能在1与2之
间。事实上确实出现了这种情况，这个和式计算出来大约是1.64493。
（通过一种迂回的方法而得到的准确答案是$\pi^2/6$。）

数学家在计算无穷和

$$a_1 + a_2 + a_3 + \cdots$$

时是怎样做的呢？

最基本的方法是对于不断增加的N值（N = 1，2，3，4，5，等等），考察
相继的部分和：

$$a_1 + a_2 + \cdots + a_N$$

正如我们刚才所做的,但不仅仅是算出几个部分和,你要设法找出它们的模式。例如,在正整数平方倒数和的情况中,你可以证明当你加上越来越多的项时,虽然部分和在我们上面获得的数值1.44361以上不断增加,但是一旦部分和超过了1.6,后面加进的项将不会改变小数点后的第一位数字。小数点后第二位数字继续改变直到部分和超过1.64,从这点开始再加上的项只影响到小数点后第三位及其以后的数值。于是,小数点后第三位是4,第四位是9,等等。这里决定的因素是各项减小得非常快,虽然你必须把无穷多项相加,但是在部分和中,小数点后的数字一位接一位地定下来了。

有时,当一个无穷级数有特别简单的结构时,你能找出它的求和公式。例如,无穷和

$$1 + \frac{1}{2} + \frac{1}{4} + \frac{1}{8} + \frac{1}{16} + \cdots + \frac{1}{2^n} + \cdots$$

有模式

$$1 + x + x^2 + x^3 + \cdots + x^n + \cdots$$

(取 $x = \frac{1}{2}$)。这种形式的和式称为几何级数。如果 $0 < x < 1$,几何级数具有一个有限的和,设其为 $s$,于是

$$s = 1 + x + x^2 + x^3 + x^4 + \cdots$$

如果我们把整个级数(一项一项地)乘以 $x$,我们得到

$$xs = x + x^2 + x^3 + x^4 + x^5 + \cdots$$

这是缺少第一项的原来级数。然后,我们把第一个级数减去第二个级数,除了第一个级数中开头的1之外所有的项都抵消了,于是留下

$$s - xs = 1$$

用代数方法求解得

$$s = \frac{1}{1-x}$$

对 $x = \dfrac{1}{2}$ 这种特殊情况,得到答案 $s = 2$。

一般地,如果一个无穷和的各项以充分快的速率不断减小,它就会有一个有限的答案。现在的关键问题是,这个"快"要多快? 例如,如果 $0 < x < 1$,一个形如

$$s = 1 + x + x^2 + x^3 + x^4 + \cdots$$

的和式的各项肯定能足够快地不断减少,给出刚才我们算得的有限和。那么对和式

$$1 + \frac{1}{2} + \frac{1}{3} + \frac{1}{4} + \frac{1}{5} + \cdots$$

又怎样呢? 它的项是否减小得足够快使这个级数有一个有限和? 这个特定的级数与音乐中的泛音有联系,因此数学家称它为"调和级数"*。调和级数是一种边缘情况。虽然它的各项在不断减小,但它们减小得不够快,因此它的和是无穷大。然而,对任何大于1的指数 $s$,不论 $s$ 与 1 的差有多小,和式

$$1 + \frac{1}{2^s} + \frac{1}{3^s} + \frac{1}{4^s} + \frac{1}{5^s} + \cdots$$

的值是有限的——欧拉把这个答案取为 $\zeta(s)$ 的值,即 $\zeta$ 函数在 $s$ 点的值。

### 附录Ⅲ 欧拉是如何发现 $\zeta$ 函数的

既然我们了解了无穷和,我们就可以问欧拉是怎么会发现 $\zeta$ 函数这个特殊的无穷和提供了关于素数模式的信息的。除了这本身是一个迷人的问题外,它的答案还将帮助你理解第六章中关于伯奇和斯温纳顿–戴尔猜想的叙述。

了解了调和级数具有一个无穷大的和,欧拉思考"素数调和级数"

---

* "泛音"的英文为 harmonics,而"调和级数"的英文为 harmonic series。——译者

$$PH = 1 + \frac{1}{2} + \frac{1}{3} + \frac{1}{5} + \frac{1}{7} + \frac{1}{11} + \cdots$$

它是将所有素数的倒数相加而得到的。它的和是有限的还是无穷的？

他一开始把 $PH$ 作为调和级数

$$1 + \frac{1}{2} + \frac{1}{3} + \frac{1}{4} + \frac{1}{5} + \frac{1}{6} + \cdots$$

的子级数。调和级数的和是无穷大，所以它不能让欧拉做他想做的进一步工作。他因此考察另外一个有关的和式

$$\zeta(s) = 1 + \frac{1}{2^s} + \frac{1}{3^s} + \frac{1}{4^s} + \frac{1}{5^s} + \cdots$$

它是把调和级数的每一项加上指数 s 而得到的。当 s 大于 1 时，它的和是有限的，因此你能把它拆分成两部分。第一部分是所有素数项，第二部分是所有非素数项，就像下面这样：

$$\zeta(s) = \left[1 + \frac{1}{2^s} + \frac{1}{3^s} + \frac{1}{5^s} + \cdots\right] + \left[\frac{1}{4^s} + \frac{1}{6^s} + \frac{1}{8^s} + \frac{1}{9^s} + \cdots\right]$$

接下来的想法是证明，如果取 s 越来越接近 1，第一个和

$$1 + \frac{1}{2^s} + \frac{1}{3^s} + \frac{1}{5^s} + \cdots$$

将无限增加，以至于当取 $s = 1$ 时，

$$1 + \frac{1}{2} + \frac{1}{3} + \frac{1}{5} + \cdots$$

是无穷大。

这个论证的关键一步是建立著名的等式

$$\zeta(s) = \frac{1}{1 - \frac{1}{2^s}} \times \frac{1}{1 - \frac{1}{3^s}} \times \frac{1}{1 - \frac{1}{5^s}} \times \frac{1}{1 - \frac{1}{7^s}} \times \cdots$$

其中，右边的乘积是取所有形如 $\frac{1}{1 - \frac{1}{p^s}}$ 的项，其中 $p$ 是素数。欧拉的想法是从我们前面刚刚提到过的几何级数公式着手：

$$\frac{1}{1 - x} = 1 + x + x^2 + x^3 + \cdots (0 < x < 1)$$

对任意素数 $p$ 和任意 $s > 1$，我们可以设 $x = \dfrac{1}{p^s}$，则得到

$$\frac{1}{1 - \dfrac{1}{p^s}} = 1 + \frac{1}{p^s} + \frac{1}{p^{2s}} + \frac{1}{p^{3s}} + \cdots$$

左边的表达式当然是欧拉无穷乘积中的一般项，于是上面的等式为这个无穷乘积中的每一项提供了一个无穷和表示。欧拉接着把这些无穷和全体相乘，以给出他的无穷乘积的另一个表达式。利用通常的把（有限个有限）和式相乘的代数运算法则，但这次把这些规则用于无穷多个无穷和，当你把这个无穷乘积写成一个单一的无穷和时，你会发现这个和式中的每一项都取如下形式：

$$\frac{1}{p_1^{k_1 s} \cdots p_n^{k_n s}}$$

这里 $p_1, \cdots, p_n$ 是不同的素数，$k_1, \cdots, k_n$ 是正整数，且每个这样的组合只出现一次。但是根据算术基本定理，每个正整数都能被表示成 $p_1^{k_1} \cdots p_n^{k_n}$ 的形式。因此这个无穷乘积恰恰是和式

$$1 + \frac{1}{2^s} + \frac{1}{3^s} + \frac{1}{5^s} + \cdots$$

的一个重新排列，即 $\zeta(s)$。（你必须对你的做法加一点儿小心，以避免陷入因无穷而造成的困难。具体的做法并不特别困难，但要给出完整的论证就会使我们离题太远。）

现在，在我们看来——确切地说是从数学的后来发展来看——素数调和级数的和是无穷大这件事其实并不那么重要，纵然它为欧几里得关于有无穷多个素数这一结论提供了一个全新的证明。倒是欧拉关于 $\zeta(s)$ 的无穷乘积公式，标志着解析数论的肇始。

1837年，德国数学家狄利克雷推广了欧拉的方法，证明在任何算术数列 $a, a+k, a+2k, a+3k, \cdots$（$a$ 与 $k$ 没有公因子）中，存在无穷多个素数。（欧几里得的定理可以被看作这个定理在所有奇数构成的算术数列

$1,3,5,7,\cdots$情况下的特例。)狄利克雷对欧拉方法的主要修改,是他修改了$\zeta$函数:根据素数被$k$除后的余数,把素数分类。经他修改后的$\zeta$函数具有如下形式:

$$L(s,\chi) = \frac{\chi(1)}{1^s} + \frac{\chi(2)}{2^s} + \frac{\chi(3)}{3^s} + \frac{\chi(4)}{4^s} + \cdots$$

其中$\chi(n)$是一种特殊类型的函数——狄利克雷称为"特征"——它按所规定的方式划分素数。特别是,对于任意的$m$、$n$,$\chi(mn) = \chi(m)\chi(n)$。[另外,$\chi(n)$仅依赖于$n$被$k$除后的余数,而如果$n$和$k$有公因子,则$\chi(n) = 0$。]

形如$L(s,\chi)$的任意函数(其中$s$是大于1的实数,$\chi$是特征),通常叫狄利克雷$L$级数。黎曼$\zeta$函数是对所有的$n$取$\chi(n) = 1$的特殊情况。

狄利克雷之后的数学家使用$L$级数(在更一般的情况下,变量$s$和数$\chi(n)$允许是复数)证明了一大批关于素数的结果,从而显示狄利克雷级数是研究素数的极其有力的工具。

关于$L$级数的关键结果是,像$\zeta$函数一样,它们能表示成关于所有素数的一个无穷乘积(有时称作欧拉乘积),即

$$L(s,\chi) = \frac{1}{1 - \dfrac{\chi(2)}{2^s}} \times \frac{1}{1 - \dfrac{\chi(3)}{3^s}} \times \frac{1}{1 - \dfrac{\chi(5)}{5^s}} \times \frac{1}{1 - \dfrac{\chi(7)}{7^s}} \times \cdots$$

(设$s$的实部非负)这个乘积中的项取遍如下形式的表达式:

$$\frac{1}{1 - \dfrac{\chi(p)}{p^s}}$$

其中$p$是素数。

## 第二章

# 构成我们的是场：
# 杨-米尔斯理论和质量缺口假设

在20世纪，在向着回答出一个最古老、最基本及最诱人的问题的道路上，物理学家取得了巨大的进展。这个问题就是：构成我们及宇宙万物的基本材料是什么？然而，在这一过程中，他们不得不对某些数学问题的解做出许多假设。由于这些假设及其推论都有坚实的实验证据和观察证据支持，科学家对理论的完全正确性十分自信。然而对数学家而言，物理学家的飞速进步意味着一个巨大的挑战：解决物理学背后的数学。第二道千年难题的解决将成为迎接这个挑战的重要一步，并将增加我们对物质本性的理解。这使得这一问题成了人类为理解宇宙而进行的长期探索中最新一步——而这一探索在过去2000年来很大程度上一直依赖数学。

## 上帝乃几何学家

古人相信世界由四种基本元素组成：土、水、气和火。作为20世纪科学的物质原子论的先声，公元前350年左右，古希腊哲学家柏拉图（Plato）在他的著作《蒂迈欧篇》（*Timaeus*）中从理论上说明这四种元素都是由微小的固体聚集而成。他论述道,作为物质的基本组块,这四种元素必须有完美的几何形状,也就是使希腊数学家深深着迷的5种正多面体——具有完美对称性的正四面体、立方体、正八面体、正二十面体和正十二面体(见图2.1)。

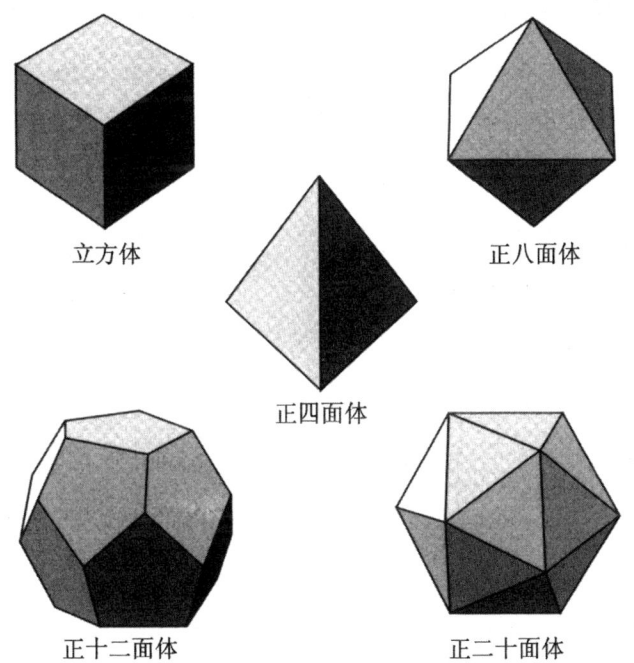

立方体

正八面体

正四面体

正十二面体

正二十面体

图2.1　古典希腊几何学的5种正多面体:正四面体(有4个正三角形的面)、立方体(有6个正方形的面)、正八面体(有8个正三角形的面)、正十二面体(有12个正五边形的面)和正二十面体(有20个正三角形的面)。在每个正多面体上,每个面都是正多边形,其中所有的边都相等,所有的角都相等。

柏拉图认为,作为最轻的、最刺激的元素,火一定是正四面体。土是最稳定的,一定是由立方体组成。由于水最会流动,所以它必定是最易滚动的正二十面体。至于气,他带点神秘地说:"……空气对于水相当于水对于土。"然后更为神秘地下了结论:气一定是正八面体。说到最后一种正多面体,他认为正十二面体代表了整个宇宙的形状。

尽管柏拉图理论的具体内容简直是异想天开，可以轻易地被否定，但其背后的哲学假设与当今推动科学前进的假设如出一辙。宇宙是以一种有序的形式构建的，用数学可以理解这种形式。对于柏拉图和其他一些人而言，上帝必定是一位几何学家。或者正如伟大的意大利科学家伽利略（Galileo Galilei）在17世纪所写的：“为了理解宇宙，你必须先知道描写它的语言。这语言就是数学。”

柏拉图坚信世界是按数学原则构建而成的，因此他选择了当时为人所知的数学中最完美的部分作为他的基本粒子。那就是只存在5种正多面体这个证明结果（可在欧几里得的《原本》中找到）——每一个多面体的所有面都是相同的正多边形，并且面与面的交角也相同。

近至17世纪，发现描述行星围绕太阳旋转规律的数学公式的天文学家开普勒（Johannes Kepler），同样被这些正多面体的数学之美吸引。在开普勒生活的时代，有6颗已知的行星：水星、金星、地球、火星、木星和土星。并且几年之前哥白尼（Copernicus）提出所有这些行星都在以太阳为中心的圆形轨道上运行。（开普勒后来证明这些轨道不是圆而是椭圆。）从哥白尼的提法着手，开普勒建立了一个理论，用来解释为什么正好有6颗行星以及为什么它们位于离太阳为特定距离的轨道上，这些距离是他和其他天文学家在此前不久测量出来的。之所以正好有6颗行星，他解释道，是因为每两条相邻的轨道之间（把轨道想象成环绕在太空中一个圆球表面上的圆圈）一定是适合于正好装入一个想象的正多面体，而且每种正多面体正巧使用一次。

经过一些实验后，他终于找到了这些嵌套的正多面体和球面的排列：最外层球面（土星在其上运动）包含了一个内接立方体，在这立方体内是一个木星轨道所在的内切球面，在这球面内接着一个正四面体，火星在其内切球面上运行。火星轨道所在球面内接着一个正十二面体，而地球运行轨道所在的球面与其内切。地球轨道所在球面又内接着一个正二十面体,而金星运行轨道所在的球面与其内切。最后,与金星运行轨道所在球面内接的是一个正八面体,而水星运行轨道所在的球面与其内切。图2.2是开普勒苦心研究出的理论的详细示意图。

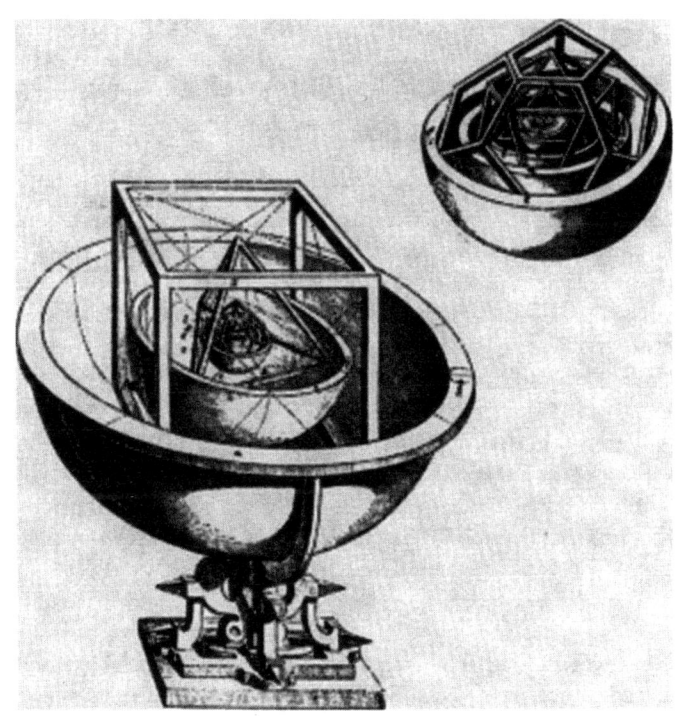

图2.2　这是开普勒自己画的描述其理论的模型。6颗已知行星按照5种正多面体的一种嵌套顺序排列。

当然,开普勒完全错了。仅举其一。这些嵌套的球面与行星的轨道无法精确地契合。作为在行星轨道研究中取得大量精确数据的研究者,开普勒自己当然知道其中的不一致。他试图通过对这些球面取不同的厚度来调整他的模型,却没有给出球面厚度为何不同的理由。不管怎么说,如今我们知道有8颗行星而非6颗(如果算上冥王星的话是9颗)。

尽管如此,同柏拉图一样,开普勒也运用了推动着当今所有关于宇宙的科学理论前进的同一基本哲学思想:宇宙根据数学规律运行。

20世纪初,原子论成为被广泛接受的物质理论。它认为一切事物都是由原子构成的,原子好比微型的"太阳系",其中一些电子("行星")沿某一轨道绕着中心核("太阳")运动。有那么一小段时间,上帝看来确实是一位几何学家。

尽管时至今日"太阳系原子论"这一诱人的图景还留存于人们脑海中,但它作为科学理论的生命却极其短暂。其后20年内,科学家观察到的各种现象迫使他们放弃这一模型,或对它进行重大修正。他们所发现的用以取而代之的是一种更为复杂的数学理论——量子理论。量子理论诞生于20世纪20年代,它包括了这样的原理:物质中蕴含着内在的不确定性。如果你注意一个粒子,比如电子,你会发现你不能同时得知它的位置和动量——对一个量你越是确定,另一个量就越模糊。电子的行为只能用数学的概率论进行描述,而这概率论是17世纪一群欧洲数学家为帮助他们富有的资助人赢得赌局而建立的。尽管量子理论现今已被广泛接受,但在早先,它对概率论的依赖导致了爱因斯坦对它的排斥,他批评道,"上帝不会同宇宙掷骰子"。

如今,量子理论被作为透镜用来在比电子更深的层次上观测物质,并揭示出世界万物最终是由时空中微小的折叠和涟波组成的(这项研究需要更新的数学理论)。这样的发现使得作家和播音员玛格丽特·韦特海姆(Margaret Wertheim)开玩笑说:"如今,上帝不是几何学家,他玩折纸了。"

将柏拉图、开普勒、爱因斯坦、量子理论和当今的弦理论家联系在一起的共同信念是对宇宙的基础物质的理解终将由数学得出。数学家的研究进展有时超越了物理学家。而现今,数学家已经落后,并在奋起直追。

这种情况并不是什么新情况。过去有好几次,科学家提出的理论需要新的数学。17世纪,牛顿对力学(行星的运动及地球上物体的运动)及光学的研究,促使他发明了微积分。再近些,爱因斯坦发现能运用此前不久由数学家黎曼发现的被认为毫无用处的一种奇特的新几何来解释引力,这使得这种几何学迅速发展并快速地融入主流数学。量子理论本身也需要一些数学新分支的发展,如泛函分析和群表示理论。

第二道千年难题是数学家为回应物理学家的挑战而必须解答的一个具体的难题。科学家相信,它需要发展出一种全新的数学分支,这会帮助我们对物质的理解更进一步。克莱促进会给这个难题的名称是"杨-米尔斯理论和质量缺口假设"。这是个实实在在的数学问题。但为了理解它的由来和含义,我们得先从物理说起。

## 现代物理学的圣杯

当说到理解生活中常见的物理现象(特别是力和运动)时,早在17世纪牛顿就得到了相当好的结果。牛顿的物理学可以预言一个物体从桌子掉落到地上所需的时间,也可以计算出"阿波罗号"宇航员阿姆斯特朗(Neil Armstrong)在地月之间往返的时间。但是长期以来,我们已了解到牛顿的物理学在天文尺度中越来越不准确,因为其中的距离超过了(比方说)太阳系直径。牛顿物理学同样也不适用于原子内部的亚微观世界,因为其中的距离太小了。

20世纪早期,物理学家创立了新的理论来解释这两个"极端"世界,即极大的世界和极小的世界。爱因斯坦的相对论描述了天文尺度上的宇宙,量子理论则描述了亚原子尺度上的世界。

这两个理论都取得了极大的成功,并由一系列激动人心的实验证据和观察证据支持。虽然两者都有悖于牛顿物理学,但牛顿的理论可以被视为这两者在我们生活的中间尺度世界的近似。在这些基础上,相对论和量子理论看来都可合法地宣称向我们展示了一幅比牛顿理论更为精确的宇宙运行图。那这两者之中，哪一个更好呢？回答是都不好。相对论与量子理论相互矛盾。在某一确定的领域中，一个完全错误，但另一个却十分有效。

现在，在大多数情况下，物理学家**要么**在恒星、星云以及更大物质的巨大尺度上研究宇宙（天体物理学家使用相对论），**要么**在原子层次或更小层次的微小尺度上研究宇宙（粒子物理学家使用量子理论）。于是，这两种理论的矛盾就很少会出现了。但有时并非如此。

一个确实存在冲突的地方就是黑洞内部，在那里，物质的引力坍缩导致了一个区域，根据其物理行为来说，它同时是非常大又非常小的。不必惊讶，我们的确没有一个很好的理论来描述在黑洞内发生了什么。把相对论与量子理论结合起来而导出的方程，它的解是无穷大，因此毫无意义。同样的道理，物理学家也无法解释在大爆炸发生的那一刻，即宇宙诞生之初，所有的宇宙物质都挤在一个极小的区域时，究竟发生了什么。

当物理学家在可能的最小尺度下研究物质的性质时，相对论与量子理论的矛盾也是存在的。按照如今的理论，作为量子理论研究对象的物质基本粒子——如光子、夸克和玻色子——其实就是"时空中的能量涟波"（最近受到人们喜爱的形象化术语是"量子泡沫"）。以这种方式研究它们你需要用到爱因斯坦著名的方程 $E = mc^2$，它——**在相对论内部**——建立了质量与能量之间的关系。

很明显，相对论和量子理论的基本冲突强有力地证明了两者都不是关于物质的终极理论。毕竟，恒星、行星与星云——它们都可很好地用相对论解释——都是由量子理论如此美妙地描述的亚原子粒子组成的。那么，如果想真正了解宇宙，就必须找到一个单一的、涵盖一切的超级理论，使相对论和量子理论都是这个理论的近似。但是这样的理论是什么？从爱因斯坦开始，物理学家就一直在寻找，至今没有成功。

确实,这个难题困扰着物理学领域中至少某些领军人物,以至于对物质的大统一理论(简称GUT)的研究被称为现代物理学的圣杯。

正如我们即将要看到的,这一探寻归结为寻找一个单一的框架,来解释目前认识到的自然界四种(仅有的)基本力:电磁力、引力、强核力与弱核力(对于每种力以后都有详述)。目前,电磁力可很容易地基于牛顿物理学得到解释;爱因斯坦的广义相对论解释了引力;量子理论提供了解释两种核力的基础。如今很吃香的GUT将提供一种单一的"超力",对其而言,四种基本力都是特例。

大概从1925年起,大多数寻找GUT的努力,都在于发展量子理论的一种拓展理论,物理学家称这一拓展理论为"量子场论"(QFT)。QFT呈现给我们的物质图景表现了当前我们关于构成宇宙的物质本性的最先进知识,通常被称为"粒子物理学的标准模型"。

目前在这个不断进行的研究中的领军人物之一是新泽西普林斯顿高等研究院的物理学家威滕。威滕的影响十分之大,似乎经常远远走在所有人的前面,以致许多人将他与牛顿相提并论,而牛顿统领了17世纪的物理与数学,他的科学成就甚至到今天仍卓越超凡。威滕将QFT描述为"使用了21世纪数学的20世纪科学理论"。他这句话的意思是仍有许多数学问题尚未解决。(看起来好像威滕对数学家的进展缓慢感到难以忍受,但事实上他是乐观的。牛顿的大量科学成就依赖于微积分方法,他发明微积分就是用于这个目的,但是直到200年后微积分才作为一种数学理论被完全建立起来!)

最早在20世纪50年代提出的杨-米尔斯理论是向这样一种大统一理论迈出的第一步。而质量缺口假设是杨-米尔斯框架下衍生出的一个特殊的数学问题。它们组成了第二道千年难题。为了了解这个问题以及它是怎样产生的,我们将回到19世纪早期,那时科学家正试图了解一种将在人类生活中扮演重要角色的新发现的现象——电。

## 实验中发生的讨厌事：改变了世界

1820年的某天，丹麦物理学家奥斯特(Hans Christian Oersted)在实验室工作时发现，当电流通过一根磁针附近的导线时，磁针发生了偏转。他的助手满不在乎：这是件经常发生的讨厌事，不必管它。奥斯特采取了一个将具有深远意义的做法——他没有听从助手的劝告，而是将他的观察结果作为一项科学发现报告给丹麦皇家科学院。他说在电与磁之间似乎有某种联系。

一年后，法国人安培(André-Marie Ampère)得到了类似的发现。他注意到，当电流通过两条平行导线时，它们的行为好像磁石。当两条导线通入同方向电流时，它们相互吸引；当通入电流方向相反时，它们互相排斥。10年后，即1831年，英国的图书装订工法拉第(Michael Faraday)和美国一所学校的校长亨利(Joseph Henry)各自独立地发现了相反的效应：将线圈放入交变磁场中，线圈中会产生电流。

结论是肯定的。虽然两种情况似乎不相同，但电与磁看来有着紧密联系，并在某种情况下可以相互转换。

听到这些消息，伟大的英国物理学家汤姆生(William Thomson)[开尔文勋爵(Lord Kelvin)]思索：电力与磁力是否是同一潜在现象的不同表现呢？由于不久前建立了关于流体运动的一种数学理论，汤姆生提出可以用一种类似的方式来解释电与磁，作为某一种力的两个方面。但是力通过什么起作用呢？在流体中，导致流动的力通过流体自身起作用。那又是什么"承载"了产生电与磁的力呢？

过去的一个想法是：空中弥漫着一种称为"以太"的连续物质。以太被假定为是均匀的、静止的，且遍及整个空间。恒星和行星在这个恒定的背景下运动，热与光在其中流动。汤姆生提出电与磁是以太中某种形式的"力场"产生的。力场并不是一个难懂的概念。无论何时,只要有一个力作用于空间某区域内的每一点,你就得到了一个力场,或更简单地说是一个场。

作为一个例子,你只须看看如今的"极可意"(Jacuzzi)水力按摩浴缸即可。当在水中移动手或身体时,你可以感觉到来自不同方向的水所施加的不同的力。在水中任意一点,你都可以感觉到一个力(一股水流),但力的大小和方向却随位置的改变而改变,同样也可能随着时间的改变而改变。因为力随位置而变化,仅仅说"水的力"是没有意义的。物理学家或数学家更愿意说力**场**——在每个点上的所有力的结构完整的集合体。

另一个例子——与本章主题直接有关——高中生通常在科学课上会看到磁场中的"力线"。只要在磁铁上面放上一张薄纸板,并在纸板上撒上铁屑,轻轻拍打纸板,铁屑便会自动地循着看不见的磁力线排出一种优美的曲线图案(如图2.3)。铁屑给出了力场的一种图景——更

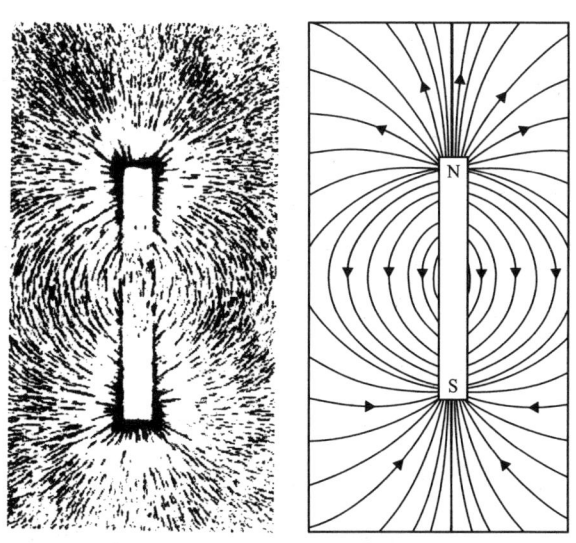

图2.3 在一条磁铁上面放置一张薄纸板,撒上铁屑,然后轻轻拍打纸板,这些铁屑便自动排列出本来看不见的磁力线,从而给出了一幅由这条磁铁生成的磁力场的图像。

准确地说,它们给出了三维场中的一幅二维截面图。

总之,只要在一个区域内的每一个点上存在一个特定的力,其大小和方向都随位置的变化而变化,你就有了一个力场———一般是以一种连续不间断的形式。如果你在这样一个场内移动,你所受到的力在大小与方向上会发生变化。在许多力场中,在每点上的力还会随时间变化而变化。数学家通过建立规定了每点上的(可能还有在每个时刻的)力的大小与方向的方程来研究力场。以这种方法产生的数学结构被称作向量场(向量是有大小和方向的量,如速度和力)。

### 麦克斯韦的领悟

1850年前后,苏格兰数学家麦克斯韦(James Clerk Maxwell)决定研究汤姆生关于电力与磁力是同一现象的两个方面的意见。大约15年后,他有了结果,并把这个统一的力称作"电磁力"。1865年他在一篇名为《电磁场的一种动力理论》(A Dynamical Theory of the Electromagnetic Field)的论文中发表了他的研究成果。

麦克斯韦用于描述电磁场的公式现今被简单地称为麦克斯韦方程组,与将在第四章遇到的纳维-斯托克斯方程一样,它们都是偏微分方程。麦克斯韦方程组描述了电场 $E$ 与磁场 $B$ 的联系,其中 $E$ 是向量函数,它为每一点每一时刻给出了那个点上的一个电流(是向量)。$B$ 是向量场,它为每一点每一时刻给出了那个点上的一个磁力(也是一个向量)。(向量一般用黑体表示,表明它们既有大小又有方向。)

找到了把先前认为是两个不同的力(电和磁)统一在一起的一个共同框架后,麦克斯韦就开始寻求把一直指引着基础物理学前进方向的自然力统一起来。

麦克斯韦方程组意味着如果电流在导体中来回波动,那么随着电流不断交替变化的电磁场将会挣脱导体,以电磁波的形式流入空间。这种波的频率将与产生它的电流的频率相同。(麦克斯韦将电磁流称为**波**只是由于描述这种流的方程组与描述流体中的波的方程组十分相似。但是,我们将看到,电磁辐射是否真的是一种"波"的问题原来是十分深奥的。)

不管是不是波,麦克斯韦都能计算出挣脱出来的电磁流的速度大约是每秒300 000千米(大约每秒186 000英里)。这个数字有点儿眼熟。它与光速十分接近。事实上,它们是如此接近,以致麦克斯韦怀疑这两个速度可能在实际上就是一回事,这使得他猜想光就是某一种特定频率的电磁辐射。尽管在当时这个想法并未立即被所有科学家接受,但今天我们知道他是正确的。光的确是电磁辐射的一种形式。

电磁辐射一般以波的频率来衡量。频率最低的波是无线电波,用于传送无线电信号和电视信号。频率高一点的是微波和红外线,虽然看不见,但可以传播热。然后是光,是电磁光谱中的可见部分。光谱的最低频率端是红色,最高频率端是紫色,其间的光频率按以下颜色顺序排列:橙色、黄色、绿色、蓝色和靛蓝色——就是我们所熟悉的彩虹的颜色。比紫色频率更高一些的辐射是紫外线,虽然人眼看不到,但能使照相底片感光,用某些特殊器材可以看到它。过了紫外线区域是看不见的X射线,它不仅能使照相底片感光,还可以穿过人体。这两种特性结合起来使得它被广泛应用于医疗。最后,电磁波谱的最上端是γ射线,是由放射性物质衰变时放出的,它也是近年来被用于医疗的电磁辐射的一种形式。

麦克斯韦方程组没有回答的一个问题是电磁波传播时通过的介质究竟是什么?许多科学家试图找出这个介质,或说得更确切些,找出地球运动时通过的介质。其中以1887年由迈克耳孙(Albert Michelson)和莫雷(Edward Morley)进行的实验最为著名。但所有的努力皆以失败告终。不过，随着一位在瑞士专利局工作的年轻人登上科学舞台，关注的方向发生了急剧的变化。

## 爱因斯坦与狭义相对论

2000年，《时代》杂志进行了20世纪最重要人物的评选，获胜者是一位出生于德国的人，他的职业生涯开始于瑞士专利局的低级职员，最终成为世界最著名的科学家：他就是爱因斯坦（Albert Einstein）。

爱因斯坦1879年生于乌尔姆，在慕尼黑度过了他童年的大部分时光，并在那里接受了初等教育。由于痛恨德国军国主义，1896年他放弃了德国公民身份，成为无国籍人士，直至1901年获得瑞士国籍。那年，他已移居苏黎世并已从瑞士联邦工业大学毕业。1902年1月，由于没能在大学里求得一个职位，爱因斯坦作为三级技术专家在伯尔尼的瑞士专利局工作。

3年后，在1905年，他创立了著名的狭义相对论。没过几年，这个科学突破使他闻名全球。1909年，他辞去专利局的工作，受聘成为苏黎世大学的物理学特职教授。10年后，他的广义相对论被实验证实，从那时开始到他1955年逝世，他一直享有任何科学家都无法媲美的盛名。

为了对狭义相对论有个初步的了解，设想你坐在一架夜间飞行的飞机上，窗板被关上，你无法看到窗外。假如没有任何震动，你无法察觉到飞机正在飞行。你从座位上站起，走来走去。空姐为你倒了杯咖啡。一切都与你在静止的地面一样正常。但实际上你是以每小时500英里（约800千米）的速度在空中飞驰。那么，当你从座位上站立起来时，为什么没有被抛向机尾呢？倒出的咖啡为什么没有向后溅到你的胸口上呢？

答案是你与咖啡的运动与飞机的运动密切相关：飞机的内部提供

千年难题——七个悬赏1000000美元的数学问题 / 067

了一个"静止的"环境——物理学家称之为参考系——你和咖啡的运动与其密切相关。从飞机内部的人的角度来看，每件物体的行为都如飞机静止在地面时一样。只有在你打开窗板向外张望，发现飞机下方的灯火在慢慢地向后倒退时，你才会觉察到飞机在运动。你产生这样的意识是由于你能比较两个参考系：飞机和地面。

这个例子说明运动是相对的：物体的运动是相对另一个物体而言的。我们所感受的绝对运动是相对于我们身处其中的（并意识到的）参考系的运动。但如果你愿意，是否有一个"优先"参考系——自然本身的参照系（如假设的以太）？对亚里士多德而言，地球是静止的，因此相对地球的运动是"绝对"运动。哥白尼认为所有运动都是相对的。牛顿相信有一个固定的"空间"，相对于它任何物体不是绝对静止的就是绝对运动的。爱因斯坦前进了一步，他放弃了空间中固定框架的思想——同时也放弃了静止的以太的概念——直接宣称所有的运动是相对的。按照爱因斯坦的观点，并不存在"优先"参考系。这就是爱因斯坦的狭义相对性原理。

这条原理导致了一个令人惊讶的结论，即电磁辐射有一个非常特别的性质：不管你的参考系是什么，如果你测量光速或其他电磁辐射的速度，结果总是相同的。对爱因斯坦来说，唯一绝对的东西不是电磁波穿过的某种物质——以太，而是电磁波的速度。

由于认为在所有参考系中光速都相同，爱因斯坦解决了另一个棘手的问题：什么叫做两个事件同时发生？在相隔十分遥远的两个事件发生时，这便成了一个问题。爱因斯坦宣称时间不是绝对的，而是依赖于在其中测量时间的参考系，从而解决了这个同时性问题。很明显，对宇宙的数学分析正开始引导科学家进入了一个明白无误的反直觉领域。

## 引力：广义相对论

尽管爱因斯坦的狭义相对论威力强大，但它仅适用于有两个或更多个以常速相对运动的参考系的情况。而且，虽然这个理论描述了空间和时间的性质，却没有提及宇宙的其他基本组成：质量和引力。1915年，爱因斯坦发现了一种方法，把他的相对论拓展到将后两者也考虑进来，他的新理论称为广义相对论。

这个新理论的基础就是广义相对性原理：在所有参考系中，无论它是否处于加速运动，一切现象都以相同的方式发生。在广义相对论中，一个受引力影响的自然过程，在没有引力但整个系统在加速运动的情况下也会发生，即引力和加速度是可以相互转换的。

作为广义相对性原理的一个特殊例子，请再次考虑这场景：你是夜航班机上的乘客，所有的窗板都关上了。如果飞机突然加速，你会感到有力将你推向机尾。如果你那时恰巧站在走道上，你会发现自己被甩向飞机的尾部。同样地，当飞机迅速减速时(如在降落时)，你受到了向着飞机前方的力。在这两种情况下，你都把加速或减速理解为一个力。由于看不见外面，你无法判断飞机是在加速或是减速。在没有其他方法的情况下，你可能倾向于把你突然朝飞机的尾部或前部的运动解释为是由某种神秘的力引起的。你甚至可以称这种力为"引力"。

爱因斯坦的大胆理论以一种激动人心的方式获得了证实。广义相对论最初让人吃惊的一个结论是光线的行为表明，它好像有质量。特别是光波应该受到引力的影响。因此，当光波在一个大质量物体如恒星附近经过时，这物体的引力场将使光线偏转。1919年，英国天文学家阿瑟·爱丁顿爵士(Sir Arthur Eddington)在一个日全食期间对一颗大质量星体作了精确的观察，发现它在空中的位置是"错误"的。因为太阳使来自这颗星的光弯曲,结果使它的观测位置出现了明显的偏移。偏移的量与爱因斯坦的理论恰好吻合,所以结论是必然的。尽管牛顿关于引力和行星运动的理论对大多数的日常应用,如计算历书、制定潮汐表而言十分准确,但当进入精确的天文学研究时代,爱因斯坦的理论比牛顿的理论更为精确。

广义相对论不仅精确地预测了天文引力现象,而且对引力的本质作了解释。令人惊讶的是,这是一个几何解释。根据爱因斯坦的理论,任何实在的物体都会使时空变形,使其弯曲。弯曲的程度——数学家称为曲率——在物体附近最大,越远越小。这曲率使两个物体相互产生吸引力。换言之,在爱因斯坦的框架中,我们所谓的引力只不过是由于一个物体的存在而产生的时空曲率(的体现)。物体的体积和质量越大,在它周围的时空变形也越大。离物体越远,变形越小;随着你远离引力的源头,引力逐步减弱。

尽管这是一项重要发现,爱因斯坦的相对论并没有为他赢得诺贝尔奖。1921年,他的确获得了一项诺贝尔奖,但这是由于他对某个理论的早期贡献,而且这个理论作为一种关于宇宙的理论处于与相对论竞争的地位:那就是量子理论。

## 量子理论:物质是什么

尽管广义相对论描绘了宇宙的几何结构,阐明了物质是怎样与这个结构相互影响的,但它仍然没有回答这个问题:物质究竟**是**什么?为了解答这个问题,物理学家不得不求助于另一个理论:量子理论。

如前面我们所提到的,20世纪初被人们接受的观点是:物质是由类似微型太阳系的原子构成的。每个原子有一个很重的核,周围的轨道上运动着轻得多的一个或多个电子。原子核本身被认为由两类基本粒子,即质子和中子组成。每个质子带一个单位的正电荷,每个电子带一个单位的负电荷。这些正负电荷之间的电磁吸引力,把电子束缚在绕核轨道上。(这幅图景依旧十分有用——例如化学家就一直在依赖着它——但现在我们知道它过于简单了。)

明显存在一个问题:组成原子的基本粒子——电子、质子和中子——究竟是什么? 那是1920年前后物理学家玻尔(Niels Bohr)、海森伯(Werner Heisenberg)和薛定谔(Erwin Schrödinger)所研究的问题。在寻求解答的过程中,他们不得不考虑一些奇怪的实验结果,其中一个是光在某些情况下的行为好似连续的波,而在另一些情况下它的行为却是一股分立粒子流。他们提出的答案——量子理论——当然解决了所有的难题,但在这同时也引入了一个看来与我们的宇宙是一个由因果律所操纵的宇宙这一基本科学理念相对立的特性。量子理论以一种基本的方式包含了随机性的元素。

19世纪末,首先向量子理论迈出的重要一步是试图解决麦克斯韦电磁理论所产生的一个难题。根据这个理论,在一个封闭的"黑烤炉"(炉壁加热至赤热状态的不透光的封闭金属盒子)内所生成的全部能量应该是无穷大,因为这烤炉的赤热炉壁会发出所有可能频率的电磁辐射,而频率是无穷多的。1900年德国物理学家普朗克(Max Planck)提出了一种解决这个难题的方法,他设想能量是以分立的"团"发出来的,他称这种"团"为量子,量子是不能再分的。给定电磁波所带有的量子数与波的频率成比例。频率越高,量子也越多。这就立即解决了无穷大能量的问题,因为超过某一频率后,任何波的能量都会太过巨大而无法成为炉内总能量的一部分,这样的波将不会对总能量有所贡献,因此总能量就是一个有限和。

普朗克算出了波的能量和频率之比——也就是现在所称的普朗克

常量。由于这个数字太小(它的值是$6.626×10^{-34}$焦·秒,式中焦是能量单位),能量的这一分立特性在日常生活的测量中并不明显。但当普朗克计算出黑烤炉中的总能量后,他的答案与实验结果完全相符,这使他的理论更为可信。他因这项工作而获得1918年诺贝尔物理学奖。但普朗克仍然未能解答这个明显的问题:为什么能量**竟然**以"团"的形式出现?

1905年,爱因斯坦给出了答案,这是他解释另一个称为光电效应的奇特物理现象而得到的一个结果。(这个结果使爱因斯坦获得1921年诺贝尔物理学奖。)1887年,德国物理学家赫兹(Heinrich Hertz)已经注意到当电磁辐射(光)照射到某些金属时,金属会发射出电子。有趣的是,增加光的强度,发射出的电子数也会增加,但电子的能量却不会增大;而增加光的频率(即将光的颜色向紫色方向变化),就会使发射出的电子具有更大能量。

为了解释这一现象,爱因斯坦假设光波是由分立的能量包——后来正式命名为光子——所组成的,光子的能量与光波的频率成比例(比值就是普朗克常量)。当一个具有足够能量的光子撞击金属时,它能撞出一个电子。被撞出的电子的数目取决于有足够能量的光子的数目,从而取决于光的强度。每个释放出的电子的能量取决于撞击它的光子的能量(从而取决于光的频率或者说颜色)。

爱因斯坦关于光的新图景为普朗克提出的电磁波中的能量以分立的包的形式出现提供了一个解释。这些能量包——普朗克的量子——就是光子,根据爱因斯坦的观点,它们组成了波。

光是粒子流组成的想法并不是新提出的。17世纪,牛顿就已提出过。爱因斯坦的理论的独到之处在于光子不是组成流而是组成波。

由粒子组成波的确切含义又是什么呢?(这个问题将会再次提到。)这里我们遇到了令人棘手的难题,可以有把握地说,从来没有人能够完

全对付得了。已故的费恩曼(Richard Feynman),这位发展现代量子理论的主要开拓者之一有一次评论道:

> 报纸曾有一度说只有12个人理解相对论。我不相信曾有过这样一个时候……人们读了爱因斯坦的论文后,不少人以这样或那样的方式理解了相对论,人数当然远远不止12个。但另一方面,我想我可以有把握地说没有人理解量子力学。[1]

说到量子力学,物理学家不得不放弃他们的直觉而靠数学来告诉他们发生了什么。数学最初是理解世界的多种方法之一,但是随着量子理论的到来,数学变成了**我们理解世界的唯一方法**。

例如,光究竟是一种波——以太的一种连续涟波——还是快速穿过空间的一股分立粒子流?在实验室中研究光时,有时它的行为像前者,有时却像后者。面对这样的行为,科学家要在电磁辐射研究中取得进展,唯一的方法又落到数学身上。于是数学将科学家引入了一个与日常生活经验完全不同的非常奇怪的领域。根据数学,物质(包括光子)本身固有的不确定性使光产生了类似波的行为。

量子理论告诉我们,必须放弃我们熟悉的粒子形象,即在任何时候,一个粒子(如电子或光子)有确定的位置或确定的速度。关于一个特定粒子的位置和速度,你能得到的最精确信息是一种概率分布,它告诉你这个粒子处于某个给定状态的**倾向性**——它的位置及它的运动的大小和方向的**可能性**。原来我们熟悉的粒子图景是:一个粒子在空间占据某一"点",并有一个特定的速度,我们现在必须代之以这样的想象:这粒子处在一片云、一个空间区域(没有确定的边界)之中。这不是一件需要更精确测量的事。不确定性是物理现实的一个基本方面。[2]

说到这里,我们暂停一下。再回头看看被量子理论取代的看似简单的太阳系原子模型吧。

## 自然之力

我们知道是什么使电子保持在绕核的轨道上：是电磁力导致带相反电荷的粒子相互吸引。那又是什么把核中的质子束缚在一起的呢？毕竟同种电荷相斥。为什么核不会爆裂呢？其中一定存在某种力——一种巨大的力——把核子束缚在一起。物理学家称它为强核力，或强相互作用。强相互作用必须足够大，才可以将一个核内的质子束缚在一起。另一方面，强核力只能作用于很短的距离，在核本身尺寸的数量级上，因为它不能使两个不同原子的核内的质子吸引在一起。（否则，包括我们自身在内的宇宙万物都将发生向心聚爆。）

人们认为强核力与引力、电磁力一样，是自然界的基本力。正如光子是电磁场（电磁力的载体）的最小成分一样，强核力的载体是被称为胶子的基本粒子。

事实上，物理学家认为存在第四种基本力。为了解释如铀等放射性元素的核衰变，必定要有第二种核力，它能使质子飞走：这就是弱核力。承载这种力的粒子被称作（弱规范）玻色子。

这两种核力都是短程的——它们的作用范围仅在核内。强力是吸引作用；弱力是排斥作用。但是在原子核的范围内强核力十分强大，而弱核力，正如其名字所示，就小得多。只有在核中包含了太多的质子，它们弱力的合力才足以把一个或更多个质子排斥出原子核，产生核衰变。

说到这一点，怀疑论者会倾向于认为还有其他的自然力有待发现。虽然这种可能性不能完全排除，但物理学家认为没有这回事。他们坚信只存在引力、电磁力、强核力和弱核力。一个完整的物质理论将必须包括所有这四种力。

接下来所需要的,是对场的量子理论解释——所谓量子场论,或称QFT——其中包括了对自然界这四种基本力场的描述。对量子理论的传统描述,如前面我给出的简短描述一样,通常局限于20世纪20年代最初构想的理论。那个理论以粒子的形式表达。在量子**力学**中,一个粒子的行为可以用一个已被人们充分理解的方程来描述:薛定谔方程

$$i\hbar \frac{\partial \Psi}{\partial t} = H\Psi$$

其中 $\Psi$ 是波函数,$H$ 是哈密顿算符,$\hbar$ 是普朗克常量,而 $i = \sqrt{-1}$。如果你什么都看不明白,那也没关系。写出这个方程仅仅是为了说明单单一个偏微分方程就把物理学家需要知道的东西一网打尽(请与第四章中纳维–斯托克斯方程的向量形式相比较)。需要知道的关键事实是,数学家把握此类方程几乎没有什么困难。量子力学的早期研究产生了人脑无法完全理解的结果,但总体而言,有关的数学是相当简单的。

对比之下,在量子场论中,物质被视为某种场。占据着周围一个空间范围的物质粒子的经典图景已不再适用了,甚至修正为允许存在关于任何具体位置和状态的固有不确定性也无法适用。取而代之的是,这个理论假设了一个基本的量子场,一种存在于空间每一处的基本的连续介质。经典物理学所谓的“粒子”只不过是量子场中的局部密集——能量的聚集或称“涟波”。在QFT中,数学也变难了。其实,其中许多至今还未研究出来! 1973年,(量子非阿贝尔规范理论中的)所谓“渐进自由”这个性质被发现(关于它我将在后面适当时候再多说一些),这已经使物理学家了解了数学**将会**得出什么类型的结果(其中就有质量缺口假设),但至今也没有人能对怎样证明这些猜想的结果有任何想法。

顺便提一下,请注意麦克斯韦电磁理论是经典(非量子)**场论**的一

个代表,因为它并未将电磁视为粒子(光子)流,而是视为场。因此在运用数学描绘场时没有实质性困难。所有的困难在于试图融合量子理论和场论这两种思想。

这种将物质作为时空场中某种性质的观点,导致了一些令人吃惊的结论。一个是关于反物质的预言:每种粒子都存在相应的反粒子,即有相同质量但有相反电荷的粒子。因为物质与反物质不能正常共存——如果一个粒子遇到它的反粒子,这两个粒子立即相互湮没,因此,物理学家过去在实验室中没有发现反物质也就不足为奇了。于是,在1931年,当量子理论的先驱狄拉克(Paul Dirac)预言存在反物质时,他的意见受到了怀疑。但不久之后,电子的反粒子——正电子——在宇宙线中被观察到,这使得狄拉克的结论成为量子场论的第一批成功预言之一。

有趣的是,尽管量子场论似乎公然违抗人们的直觉,但使得物理学家开始迈上通向这个理论的道路,而且他们相信最终将引导他们到达所渴望的GUT的关键数学思想,就是位于我们美感中心的"对称概念"。

## 大自然的对称

在日常的语言中,如果一个物体具有某种平衡形式,那么我们就说它是对称的。例如,我们说人脸是对称的,是由于其左半边与右半边十分相像,仅仅是做了一个反转。我们说一朵花或一片雪花是对称的,是因为从正上方看下去,它的每一部分与其正对面的部分十分相像(如图2.4)。

在数学上,如果一个物体经过某种运动或变换之后仍然与原先的形貌一样,那么就说它**关于这种运动或变换是**对称的。例如,人脸关于左右反转是对称的,因为如果我们把人脸左右反转一下,它看上去(几

图2.4 一片雪花展示了关于中心的反射对称。

乎)一模一样。这也就是为什么我们的照片与我们在镜子中的影像会差不多一模一样。花与雪花关于中心反射是对称的,因为如果我们把每一点与对径点交换,它看上去没有变化。正方形关于中心90°旋转是对称的,因为如果我们把它绕中心转过一个直角,它看上去没有变化。

19世纪的数学家发现,一给定物体的全部对称的集合(使得该物体看上去与原先完全相同的所有变换的集合)有一些与该物体无关的有趣的结构特性。特别是它具有一种"算术"——你可以将一个物体的两个对称"相加"而得到第三种对称,而这个"加法"有着一些我们熟悉的数的普通加法的性质。

数学家称这些新型算术为"群"。经年累月,他们创立了数学的一个重要的新分支,即群论(本章附录将予以简要介绍,书中其他章节也会提到)来进行研究。现今群论已成为每一位数学家的大学教育的一个重要部分。同时我们即将看到,它也是物理中的重要工具。

一给定物体的所有对称的集合称为该物体的对称群。知道了对称群的算术性质,你将知道关于该物体的许多信息——它的形状和各种其他性质。重要的是,能以这种方式用上群论的物体不一定是如人脸、雪花或花这样的物质实体,它们也可以是抽象的数学对象,如方程,或力场。

20世纪早期,物理学家开始意识到他们的许多守恒律都来自宇宙结构中的对称性。例如,许多物理性质在平移或旋转下保持不变。实验的结果并非取决于实验室的位置或器材的朝向。这些不变量意味着经典物理学中的动量与角动量守恒定律。

德国数学家埃米·诺特(Emmy Noether)证明了这个想法的普遍正确性:每一条守恒律都可以视作某种对称的结果。这样,每一条守恒律都有一个相关的群——相应的对称群——它描述了时空中每一点上的相关的对称性。例如,经典的电荷守恒定律就有一个相关的对称群。同样,在量子物理学中,如"奇异性"和"自旋"这类特性的守恒定律也有相关的对称群。

## 精彩绝伦

1918年,数学家外尔(Hermann Weyl)着手用对称概念试图将狭义相对论与电磁学统一起来。他的想法是充分利用这样一个事实,即电磁场在每一点上具有某种使方程保持不变的数学对称性。例如,麦克斯韦方程组对于尺度的改变保持不变,这是一个对称形式。为了利用这个事实,外尔将一个电磁场看作你沿着一条封闭曲线运动时产生的一个相对论性长度畸变。为了在数学上做到这点,他必须在四维时空中的每一点上指派一个对称群。

外尔的基本想法是好的,但是他的方法没能完全行得通。随着量子理论的出现,随着它对波函数的强调,问题是什么就变得很清楚了。麦克斯韦方程组中重要的不是尺度而是相。外尔采用了错误的对称,从而采用了错误的对称群!电磁场的关键对称原来是现在所称的"规范对称"。它表示即使把电磁势乘上某种量子力学相因子或称"规",场方程的形式也保持不变。(在日常生活中,规当然是一种测量器具。在按摩浴缸中,你可以通过在水中移动手来得到对力场的一个感觉。同样——至少在原则上——在电磁场中,你也可以通过移动某种"测量规"来得到一幅这个电磁场的图景。)这样就诞生了非常重要的新学科"规范理论",其中指派给时空中每一点的对称群称作规范群。

当外尔将重点放在尺度上时,他研究的对称群是正实数的乘法。当他将注意点从尺度转移到相之后,对麦克斯韦方程组具有重要意义的群成了"一维酉群"U(1),它可以认为是平面上旋转运动的集合。

循着外尔的研究,物理学家能将麦克斯韦理论修改成一种规范理论。他们将麦克斯韦的理论扩展为包含一个或更多核力(甚至可能包含引力)的量子场论的策略是,用一种更为复杂的对称群替代规范群U(1),使得这样得出的场论首先可能是量子场,其次可能包含了基本力场。他们通过几个赢得诺贝尔奖的步骤成功地进行了这种扩展(但未包含引力)。

第一步出现在20世纪30年代,当时狄拉克等人提出了一个极其精确的新理论,称为量子电动力学,简称QED。QED提供了对电磁现象的一个量子描述,使得它本质上成为麦克斯韦理论的一个电子论版本。20世纪40年代,费恩曼、施温格(Julian Schwinger)、朝永振一郎(Sin-Itiro Tomonaga)、戴森(Freeman Dyson)等创建了在这个理论中进行精确计算的极其有效的方法,使得它成为最为精确的科学理论。实验室的测量证明,其理论计算结果直到小数点之后11位都是正确的——在其他科学领域中,都无法与这个精度匹敌。因为这项工作,费恩曼、施温格和朝永振一郎获得了1965年诺贝尔奖。

1954年,物理学家杨振宁与米尔斯(Robert Mills)在量子理论中建立了与麦克斯韦方程组类似的方程组。这是关键的第二步。杨振宁与米尔斯采取了一个绝妙的策略,用"紧李群",即多维复空间中的一个刚体运动集来代替群U(1)。麦克斯韦方程组是完全经典的,即非量子理论的,而杨-米尔斯方程组却具备了两方面的特性:经典性与量子理论性。这样,杨-米尔斯理论就可建立一种对物质的量子场处理方法,从而扩展了QED。

使用杨-米尔斯方程组需要比麦克斯韦理论更复杂高深的数学,尤其是与麦克斯韦方程组相联系的群U(1)是"阿贝尔群"(即可交换的——平面上任意两个相继的旋转可以以任何前后次序进行,不会改变结果)。但杨振宁和米尔斯使用的群却不是这样。他们的理论是"非阿贝尔"规范理论。可交换性的缺失使得相应的数学变得更加深奥。[3]

随着杨-米尔斯理论的发展,物理学家开始尝试用非阿贝尔规范理论来寻求他们一直向往的大统一理论。记住,主要的思路是找出正确的规范群,使得他们能够把两种核力以及——可能是难度最大的——引力一网打尽。

在运用杨-米尔斯理论的量子版本来统一电磁力和弱力(或强力)时遇到一个问题,即杨-米尔斯方程组的经典(非量子)版本描述了以光速传播的零质量波。(从这方面看,杨-米尔斯方程组与麦克斯韦方程组十分相似。)然而,在量子力学中,每个粒子都可以看成是一种特殊类型的波,因此"无质量"这一特性成为主要的症结。研究表明,核力是由非零质量的粒子承载的。

对于弱力,这个困难于1967年被格拉肖(Sheldon Glashow)、萨拉姆(Abdus Salam)和温伯格(Steven Weinberg)解决。他们使用了一种规范理论,其中对称群的专业名称为SU(2)×U(1)。他们创立的理论称为电弱理论。通过引入一个额外的力——希格斯场,他们避免了无质量性。有着大量的证明支持电弱理论。当今许多实验的目标是探测希格斯玻色子,它承载着希格斯场,找到它这个难题就彻底解决了。

电弱理论不仅涵盖了电磁力和弱核力,它还表明在足够高的能量水平上,如大爆炸之后最初的极短时间内,这两种力合二而一,这三位物理学家称之为电弱力。(电弱力得以分为两种看似不相同的力的过程称为对称性破缺。)由于这项成就,格拉肖、萨拉姆和温伯格获得了1979年的诺贝尔物理学奖。

接下来的一步是量子杨-米尔斯理论的所谓渐近自由这一重要性质的发现。1973年,格罗斯(David Gross)和维尔切克(Frank Wilczek)发现了这个性质,同时,波利策(David Politzer)也独立地发现了这个性质。它大致上说,夸克和胶子(见下)之间的相互作用在距离很近时失效,只有当距离较大时,量子效应才会显示出来。渐近自由不仅解释了某些本来很神秘的实验结果,而且导出了一个把强力包含在内的独特的量子场论,格罗斯和维尔切克称之为量子色动力学,简称QCD。

QCD是一种建立在另一种对称群SU(3)上的规范理论。这是所谓八种颜色的胶子与夸克相互作用后对应于和转变为三种"色荷"的理论。夸克是自旋为$\frac{1}{2}$的基本粒子,有点像电子,它们相结合形成质子、中子和其他先前已知的粒子。夸克的存在性很早以前就由理论思考和实验证据推出。由QCD预言了其存在性和特性的胶子,很快由实验发现,这进一步证实了这个新理论的正确性。

## 千年难题之二

第二道千年难题是在导出QCD的研究中产生的。与QED相比,QCD的许多预言以科学上空前的精确性获得了实验的证实。因此,物理学家自信他们正沿着正确的道路前进。但是我们对这理论的数学解释远未成型。例如,无人能解出杨-米尔斯方程组(在写出这个方程的一个通解公式的意义上），更不用说对它们作任何推广了。而物理学家倒在用这些方程建立以一种"近似"的方法计算各种关键数值的规则。（我在这里使用引号是因为这些计算极其精确。）

稍想一下，你会发现这看似不可思议。现今世界上最精确的科学理论是建立在无人能解的方程组之上的。这道关于杨-米尔斯理论的千年难题对数学界提出了解决这个问题的挑战。首先是求得杨-米尔斯方程组的一个解，其次是确定这个解的一种专门性质，称为质量缺口假设。这问题的第二部分将保证，数学会与计算机模拟结果以及物理学家在实验室中得到的观察结果保持一致。

先前提到的麻省理工学院的维尔切克——渐近自由和QCD的发现者之一，对此这样说道："对我而言，这问题本质上的令人鼓舞之处是非常简单而具体的：我们相信，QCD的方程全面描述了质子和其他强相互作用粒子的性质，包括它们的质量；现在我们要从数学上证明，这个美丽的数学理论（QCD）确实完成了这个任务。特别是，这个理论必须巧妙地用无质量的砌块产生有质量的粒子。"

产生质量的基本机制是逆转爱因斯坦的著名方程 $E = mc^2$，即 $m = E/c^2$。这告诉你，你能从纯粹的能量得到质量。实验、计算机模拟和某些理论计算使物理学家相信，对于真空激发，一定存在一个"质量缺口"，即存在一个非零的最小能级（即不存在无质量的粒子波）。质量缺口这个性质也解释了为什么强力只在如此短的距离内起作用。

至今，无人能够严格证明这个性质。第二道千年难题要求给出一个质量缺口假设的表述精确的数学版本。特别是，这第二道千年难题要求证明：

> 对任何紧的、单的规范群，四维欧几里得空间中的量子杨-米尔斯方程组有一个解，这个解预言有一个质量缺口。

（单群是不能由更小的群以某种代数方式构成的群。）这个问题的解决不仅是理论物理的重大突破，也是将量子场论发展成为一种**数学**（不单单是物理）理论这个更大追求中的重大突破。

尽管起源于物理学，但这个问题本质上是作为数学问题来阐述的。确实，许多物理学家认为这问题的大部分已经解决。维尔切克评论道："特别是，这个理论（QCD）的基本元素（夸克和胶子）的存在性和这个理论所假设的基本相互作用已经有直接的证据。大部分证据来自对高能过程中各种喷注的研究，以及将它们的被观察到的性质与QCD中利用渐近自由而进行的精确而清晰的计算所作的比较。另一类证据来自用先进的计算机对所有的方程进行积分。这项工作直接处理了、对我而言是有效地解决了这个克莱问题。我们不仅知道有一个质量缺口，而且对它进行了计算，并成功地把它与现实相比较。当然，我也理解数值结果虽然令人信服而且被把握得很好，但并非传统意义上的数学证明。"

哈佛大学的贾菲（量子场论的数学专家，现今克莱促进会的主席）认为，之所以选择杨–米尔斯理论和质量缺口假设为千年难题之一，是因为它的解决将标志着**数学**中又一重要新领域的开始，对现今我们关于宇宙的认识将有深刻的影响。

威滕同意千年难题应该至少包括一个来自现代物理学的问题，他在为克莱促进会所作的选择进行解释时说道：

> 什么样的数学问题最好地体现了对理解量子场论的挑战？我们需要的问题是：(i)在物理学中占据中心地位；(ii)在数学上是重要的；(iii)代表了QFT的困难。对我来说，具备以上几点的一个显著问题就是：**证明在$Re^4$上的以一个紧的、单的非阿贝尔李群G为规范群的量子杨–米尔斯理论的有解性和质量缺口假设的正确性。**[4]

威滕把这道千年难题看成是对人类的重大挑战。在千年之交的2000年夏季,他说:"对自然科学的理解在历史上一直是数学灵感的一个重要来源。因此,在新世纪之初,物理学家用于描述自然定理的主要框架无法用数学处理,这十分令人沮丧。"[5]

在威滕看来,这个问题的两个部分有十分不同的意义。他说,找到杨-米尔斯方程组的一个通解,"本质上意味着人们弄懂了粒子物理学的标准模型"。如果这样,它将是数学上的一项重要成就——"它将成为数学赶上20世纪理论物理学的一座里程碑"。[6]但他觉得这个解对物理学家没有太大的意义,从他们的角度而言,他们已经以自己的方式知道这方程组有用以及为什么有用。

另一方面,质量缺口假设的证明将对数学和物理都具有重大的意义。因为这个证明"将阐明那些物理学家尚未完全理解的自然界基本方面"。[7]

所以,奖金确实很高。但是,亲爱的读者,你能解决这第二道千年难题的机会又有多大呢? 显而易见,不太乐观。照威滕的说法,这个问题"是一个21世纪水平的伟大挑战,但对现在而言,实在是太难了"。[8]

## 附录 群论：关于对称的数学

被称为群的数学对象产生于数学家试图认真研究对称之时。用普通的语言说，一个物体（比方说一只花瓶或一张脸），如果从不同的方位或不同的角度去看，或者它反映在一面镜子里时，它的样子保持不变，那么我们就说这个物体是对称的。我们怎样才能把这种说法精确化呢？"从不同的角度去看，它的样子保持不变"，这句话的确切含义是什么呢？好吧，想象在你面前有某个物体，这个物体绕某一条直线或某一个点旋转了一下。这样操作之后，这个物体的样子是否与原来相同？如果相同，我们会说这个物体对于这种操作来说是"对称"的。

例如，如果你取一个圆，让它绕其圆心随意地转过任何一个角度，结果得到的图形都与它开始时的图形完全相同（见图2.5）。我们说圆对于绕其圆心的任何旋转是对称的。当然，除非旋转整整360°（或者360°的倍数），圆上每一点的最终位置都与其原来位置不同。这个圆很可能是动过了。然而，尽管图形的各个点都动过了，但图形的样子却仍然与原来一模一样。

圆不但对于绕其圆心的任何旋转是对称的，而且对于它关于任何一条直径的反射也是对称的。这里的反射，是指将图形上的每一点与

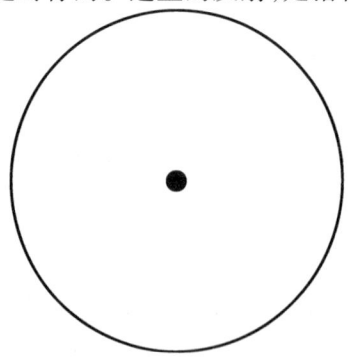

图2.5　将圆绕其圆心作任意旋转后，它的样子不变。

所选定直径那一侧正对面的那个点对换。例如,在一个钟面上,关于竖直直径的反射就是将表示9时的那个点与表示3时的那个点对换,将表示10时的那个点与表示2时的那个点对换,如此等等(见图2.6)。

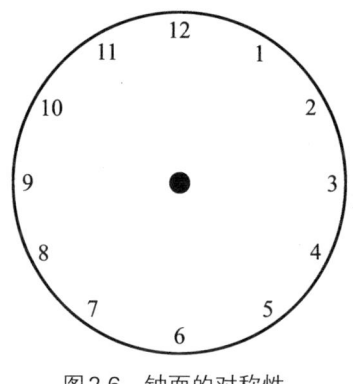

图2.6 钟面的对称性。

圆是不同寻常的,因为它有着许多对称,确切地说,它有着无穷多个对称。而正方形所具有的对称就比圆少。如果我们把一个正方形沿任一方向旋转90°或180°,它的样子不变。但如果我们旋转45°,它的样子就不同了——我们看到了一个扑克牌上的方块符号。过正方形中点且平行于其一条边的直线有两条,关于其中任一条直线的反射也是使正方形样子保持不变的操作。我们还可以对正方形作关于其任一条对角线的反射。图2.7显示了这些操作中的每一个都把正方形的某些特

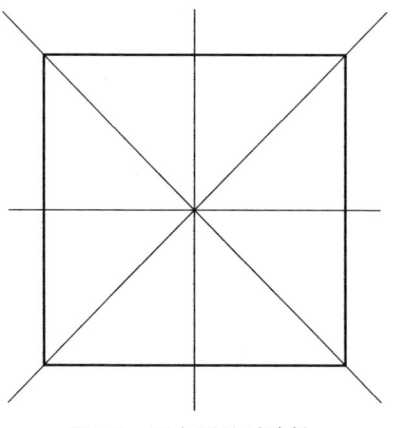

图2.7 正方形的对称性。

定点移到了其他位置,但是与圆一样,我们得到的图形——在位置、形状和方位上——与操作前完全一样。

我们现在已经从一种对"对称"的通常看法转到了关于对物体所作的一种特定操作的对称这个更为精确的概念。让一个图形或一个物体(在形状、位置和方位上)保持不变的操作种数越多,这个图形或物体通常会被认为越"对称"。

因为我们要把我们关于对称的概念应用于除几何图形或实际物体之外的东西,因此我们将开始用"变换"这个词而不用"操作"。一个变换取定一已知对象(可能是抽象的对象)并把它转换成其他的什么东西。变换可以就是平移(将对象不作旋转地移动到其他位置),也可以是旋转(对于二维图形是绕一个点,对于三维对象是绕一条直线)或反射(对于二维图形是关于一条直线,对于三维对象是关于一个平面)。它也可能是并非对每一个实际物体都可以做到的事,如拉伸变换或收缩变换。

关于对称的数学研究的重点,是考察作用在对象上的变换而不是对象本身。

对数学家而言,一个图形的一个对称变换就是一个使这个图形保持**不变**的变换。也就是说,经过这个变换之后,图形的样子从位置、形状和方位等方面来说与原来相同,虽然各个点都可能动过了。

因为平移是可行的对称变换之一,所以将一基本图案不断重复而形成的墙纸是对称的。事实上,关于对称的数学是证明这样一个惊人事实的理论根据:将一个特定的局部图案不断重复以形成对称性墙纸的可能方式只有17种。在这里可以进行的变换——对墙纸图案的对称变换——必须作用于整个墙面,而不是其一部分。正是这一点,把对称的种数限制为17。

墙纸图案定理的证明需要严密检查将变换结合起来——例如在进

行了一个反射之后接着进行一个沿逆时针方向的90°旋转——而给出新的变换的方式。

结果发现存在着一个通过某种方式把对称变换结合起来的算术，正如存在着一个通过某种方式把数结合起来的算术(一个我们十分熟悉的东西)。在普通的算术中，你可以把两个数相加得到一个新的数，也可以把两个数相乘得到一个新的数。在对称变换的算术中，你是在进行了一个变换之后接着进行另一个变换而把两个对称变换结合起来的，这样便得到了一个新的对称变换。一个对象的所有对称变换的集合，连同用这种方法把它们结合起来的算术，就是数学家所谓的对称群。

例如，一个圆的对称群包括绕其圆心的所有旋转(沿顺时针方向或逆时针方向转过任何角度)、关于任一条直径的反射，以及这些变换的任意结合。圆在绕其圆心的旋转下的不变性称为旋转对称；在关于直径的反射下的不变性称为反射对称。

对称群的算术在某种程度上与数的算术相似，但也存在着有趣的差别。18世纪后期这个奇特的新算术的发现，打开了通向一大批令人眼花缭乱的新颖数学成果的大门。这些成果不仅对数学，而且对物理、化学、晶体学、医学、工程、通信和计算机技术产生了影响。

由于圆的对称群是一个十分简单的例子，我就用它来说明如何对一个群做算术。

设S和T是一个圆的对称群中的两个变换，那么先是进行S接着进行T，结果仍然是这对称群中的一个变换。(因为S和T都让这个圆保持不变，所以结合进行这两个变换后也是如此。)数学家用T∘S表示这个二重变换。这个运算的法则在以下三个方面与数的加法运算法则类似。

第一，这个运算具有所谓的结合律：如果S,T,W是这个对称群中的三个变换，则

$$(S \circ T) \circ W = S \circ (T \circ W)$$

第二，存在一个恒等变换，任何变换与其相结合结果毫无变化。它就是零旋转，即转过0角度的旋转。零旋转被记为$I$，它能与任何其他变换T结合，得到

$$T \circ I = I \circ T = T$$

旋转$I$在这里的作用与数0在加法中的作用相同（对任意整数$x$，$x+0 = 0+x = x$）。

第三，每一个变换都有一个逆：如果$T$是任意的一个变换，则存在另一个变换$S$，使得这两者结合起来得到恒等变换：

$$T \circ S = S \circ T = I$$

一个旋转的逆是沿相反方向转过相同角度的旋转。任何反射的逆就是这同一个反射。把任意有限个旋转和反射结合起来可得到一个变换，要得到这个变换的逆，你取正好消除相应变换效果的反向旋转和再次反射，并把它们结合起来：从最后一个变换开始，消除它的效果，然后消除前一个变换的效果，然后是再前一个，如此继续。

逆的存在性是我们所熟悉的又一条关于整数加法的性质：对每个整数$m$，都存在一个整数$n$，使得$m+n = n+m = 0$。$m$的逆就是负$m$，即$n = -m$。

虽然我们考虑的是圆的对称群，但是我们刚才观察到的每一件事对于任何图形或物体的对称变换群来说都是正确的。（这很容易检验。）

一般地说，每当数学家有某个由一些事物组成的集合$G$（它可以是由某个图形的全部对称变换所组成的集合，但并非一定是如此）和一个把集合$G$中任意两个元素$x$和$y$结合起来以得到$G$中另一个元素$x*y$的运算*的时候，如果以下三个条件成立，他们就把这个集合称为一个群：

G1. 对$G$中任何的$x,y,z$，有$(x*y)*z = x*(y*z)$。

G2. 在 *G* 中存在一个元素 *e*，使得对 *G* 中所有的 *x*，都有 *x\*e = e\*x = x*。

G3. 对 *G* 中的每一个元素 *x*，相应地有 *G* 中的一个元素 *y*，使得 *x\*y = y\*x = e*，其中 *e* 是条件 G2 中的 *e*。

这三个条件（通常被称为群公理），就是我们对把任意一个图形的对称变换结合起来的运算所观察到的性质：结合律、存在恒等变换和逆。因此，一个图形的所有对称变换的集合就是一个群：*G* 是这个图形的所有对称变换的集合，而 \* 是把两个变换结合起来的运算。

同样应该很清楚的是，如果 *G* 是整数集，运算 \* 是加法，那么所形成的结构就是一个群。或者，如果 *G* 是除去 0 以外的全体有理数（即整数和分数）的集合，\* 是乘法，那么结果得到的就是一个群。你所要做的只是证明，当符号 \* 表示乘法时，上述条件 G1、G2 和 G3 对于有理数来说都是成立的。在这个例子中，公理 G2 中的单位元素 *e* 是数 1。

在第六章中讨论的有限模算术提供了（对任意给定的模）群的另一个例子。

在被称为群论的数学分支中，数学家考虑还有什么其他的性质能从这三条群公理自然地推出。能被他们证明为这些公理之逻辑推论的任何事情，对于任何特殊的群来说都是必然成立的。

例如，条件 G2 断言了一种单位元素的存在性。在整数加法的情况中，存在着唯一的单位元素：数 0。这一点是对所有的群都成立，还是它只是整数算术才特有的性质？

事实上，任何群都只有一个单位元素。如果 *e* 和 *i* 都是单位元素，那么将性质 G2 连续运用两次，即得到等式

$$e = e*i = i$$

因此 *e* 和 *i* 必定是同一个元素。

上面这个结果特别意味着，能出现在条件 G3 中的元素 *e* 是唯一的。利用这个事实，我们接下来就能证明，对于 *G* 中任意给定的元素 *x*，

存在唯一的 $G$ 中元素 $y$，满足条件 G3。

假设 $y$ 和 $z$ 都如 G3 所述的那样与 $x$ 相关。也就是说，假设

$$x*y = y*x = e \qquad (1)$$

$$x*z = z*x = e \qquad (2)$$

那么

$$y = y*e \qquad (由 e 的性质)$$
$$= y*(x*z) \qquad (由等式（2）)$$
$$= (y*x)*z \qquad (由 G1)$$
$$= e*z \qquad (由等式（1）)$$
$$= z \qquad (由 e 的性质)$$

因此 $y$ 和 $z$ 是同一个元素。

既然 $G$ 中只有一个 $y$ 如 G3 所述的那样与一个给定的 $x$ 相关，那么就可以给 $y$ 一个名称：称它为 $x$ 的（群）逆，通常记为 $x^{-1}$。

关于群公理，自然还有最后一段话要说。任何熟悉算术中交换律的人都很可能会问，我们为什么不把下面这条拿来作为第四条公理：

G4. 对 $G$ 中所有的 $x, y$，$x*y = y*x$

没有这个法则，就意味着在 G2 和 G3 中，元素的结合必须要写成两种方式。例如，$x*e$ 和 $e*x$ 都出现在了 G2 中。

数学家不把公理 G4 列入的理由是：这样将把数学家希望考虑的许多群的例子排斥在外。用现在这样的方式写出 G2 和 G3，而不采用交换律，群的概念会有更广泛的应用。满足交换律的群称为交换群，有时则以挪威数学家阿贝尔（Niels Henrik Abel）的名字称为阿贝尔群。

## 第三章

# 当计算机无能为力的时候：
# P对NP问题

在所有的千年难题之中，P对NP问题是最有可能被一位"无名的业余爱好者"——某个在很大程度上没有接受过数学训练的人，他可能非常年轻，而且不为数学界所知——所解决的问题。所有其他的千年难题都被深埋在一大堆厚重的数学知识之中，这些知识都是在你着手解决问题之前必须掌握的。但这个"P对NP问题"不是这么回事。它考虑的是计算机在执行某些类型的任务时可以达到怎样的有效程度。不但这个问题所说的内容相对容易理解，而且它的解决也许全在于一个新颖的好主意。[1]你并不需要很多的专业知识来得到一个好主意，你需要的只是想象力。

## 数学与计算机：重拾被遗弃的孩子

对当今的大多数人而言，计算机是一种用来收发信件和从网络上获得信息的通信工具。但这并不是发明计算机的初衷。就像它的名称所表明的，当初发明计算机是为了做算术——对数字进行计算。更确切地说，计算机产生于对"可计算性"这个数学概念的一种理论研究，而这种理论研究比计算机技术早15年以上。

20世纪30年代，有几位数学家在很大程度上各自独立地开始研究"可计算性"这个概念——计算到底是什么和从自然数到自然数的函数中哪些是可以计算的？这项研究不但在现代计算技术成形之前很久就开始了，而且，事实上最初的数学兴趣完全不是由任何要进行实际计算（无论是用机器还是用人工）的想法所激发的。相反，人们研究这个问题纯粹是由于它内在的数学趣味性。

人们对"可计算性"的研究兴趣是由奥地利数学家哥德尔（Kurt Gödel）在1931年的一项重大发现所引起的，而哥德尔则是为了回应30年前德国数学家希尔伯特提出的一项挑战而有了这项发现的。我们知道，正是这位德国数学家在1900年列出的那份主要未解决数学问题表，启发我们提出了现在这些千年难题。

19世纪，研究数学的公理化方法获得了成功，并成为当时的主流，这使希尔伯特大受激励。研究数学的公理化方法是说，你可以这样来开创一个数学分支：先是构建一套基本假设——"公理"，然后从这套公理出发进行逻辑推导，从而产生出这个数学分支中的所有事实。这样，"真理"就化归为"能从公理出发而得到证明的东西"。这个数学观点最早是由古希腊数学家泰勒斯（Thales）于公元前700年前后提出的，而且它形成了古希腊数学的基础。例如，欧几里得在他公元前350年前后写成的著作《原本》中，就是通过首先列出5条基本公理，然后从这些公理出发推导出所有的定理（几何事实）来阐述几何学的。

当然，这种方法的成功与否，在于你能不能把构建公理这件事干得很出色。一个数学陈述要有资格成为一条可接受的公理，它应该相对简单，简单得十分理想，还要足够基本，基本得"显然成立"。这并不总是能轻易做到的。欧几里得的几何公理系统就引起了人们数百年的争论,争论的焦点是其中的一条公理——平行公设。[2]许多批评者认为这条公理太过复杂,因而不能取作公理。而且许多世纪以来,人们一直试图从更为基本的假设出发推出它。这个与众不同的传奇式事件是怎样导致人们研究出各种"非欧几何"(用其他的公理代替平行公设)的故事,已经在许多场合被反复提及,因此我在这里就不再说了,不过你会有兴趣知道下面这一点:非欧几何正是爱因斯坦的理论(即上一章中描述的)需要的东西。然而,关于我们现在的主题,更应该说的是,当你试着写下一些公理时,可能很难判别是不是把应该包括在你公理表中的所有基本的"不证自明"的假设都写出来了。欧几里得就遗漏了几个你研究几何时所需的细微但关键的假设,而且这些假设他在《原本》中到处使用。直到19世纪后期,希尔伯特进行了一次严密的考察,一套完整的几何公理才得以建立起来。

在成功地为欧几里得几何构建了一套合适的公理之后,希尔伯特提出,对于数学的任何其他分支都能够——也应该——同样做这种事情。为数学的各个分支分别寻求一套公理,这一想法后来被称为希尔伯特计划。

隐藏在希尔伯特计划后面的是一条由方法造成的未明说的假设。也就是说,在数学的任何领域,写出一套基本的假设——公理,而这个数学分支中的所有事实都可以由这套公理(在原则上)推出,这在理论上是可行的。1931年,哥德尔的发现令整个数学界震惊。他的发现就是这个假设并不成立。他证明在数学的任何包含初等算术的部分(这实际上意味着数学中任何一个实用性十分渺茫的部分)中,不论你写出多少条公理,**总是**会存在一些正确的陈述无法从这些公理出发而得到证明。这个彻底颠覆了希尔伯特计划的结果,被称为哥德尔不完全性定理。用日常的语言说,不管你付出多大的努力,你的这套公理总是不完全的——它们总是不能足以证明所有成立的事实。数学中的情形与生活中的情形一样,有一部分真理注定要永远保持让人难以捉摸的状态。

哥德尔展示了如何将关于可证明性的问题转化成与之等价的关于某种从自然数到自然数的函数的可计算性的问题,从而证明了上述结果。(这就是为什么他的定理只适用于数学中那些包含某种算术的部分。这些公理得让人们可以做这种算术。)他证明在任何公理化的系统中,总存在一些函数,它们在这个系统中是不可计算的。为此,他不得不建立了一种关于"可计算函数"概念的形式理论。

在哥德尔工作的基础上,其他一些数学家开始研究可计算性的概念,试图搞清楚到底哪些函数是可计算的,哪些不是。(让我重申一下,没有人关注进行实际的计算,也没有具体的数被涉及。这是一项关于什么样的计算**在原则上**可以进行的纯理论研究。)

以事后的眼光,看到由数学家克林(Stephen Kleene)、图灵(Alan Turing)等人证明的定理,早在**可编程**计算机(即可以让人们编制程序以进行各种不同计算的计算机)产生之前很久就在理论上确立了制造这种东西的可能性,着实令人神往。20世纪30年代及40年代初建立的理论构想,在40年代和50年代的计算机早期发展中起到了重大的作用;而那些从事这种理论研究的数学家[特别是图灵和冯·诺伊曼(John von Neumann)]在这种新技术的发展中则起到了举足轻重的作用。

但随后发生了一件奇怪的事情。当研究出导致计算机诞生的数学理论,而且协助建造了世界上第一台计算机并为其设计了程序之后,数学家却在很大程度上对他们大脑的产物失去了兴趣。不难理解为什么会发生这种事。虽然开发计算机技术——包括硬件和软件——需要某种数学上的才能,而且经常要用到数学符号,但大多数的工作并不是真正意义上的数学。因此大多数数学家根本就没有兴趣。至于说**使用**计算机,绝大多数数学家研究的问题不需要大量繁琐的数值计算(如今依然如此），所以计算机对他们并没有像对物理学家和化学家那样产生影响。（20世纪80年代末，情况略有改变，当时人们研制出了能进行代数、微积分及符号数学其他分支中的运算的复杂计算机系统。）

然而，从一开始就有一些数学家对怎样用计算机来帮助解数学问题十分感兴趣，而且由于计算机技术而产生了许多新的数学分支——包括数值分析、逼近论、计算数论和动力系统理论。还有一些数学家，他们抱着一种改进实体计算机使用方式的观点来研究计算的概念。一些这样的早期研究导致产生了计算机科学中的新学科——也是数学的分支学科，如形式语言理论、算法理论、数据库理论、人工智能和计算复杂性。正是在这最后一个学科中，我们发现了这第三道千年难题。在把这个问题确立为理论计算机科学中显要问题的过程中作出最大贡献的人，是一位名叫库克(Stephen Cook)的美国青年。

## 库克的故事

库克1939年出生于纽约州的布法罗。他10岁时，全家移居乡村，在纽约州的小镇克拉伦斯附近的一间农舍定居。克拉伦斯是可植入式心脏起搏器发明人格雷特巴奇(Wilson Greatbatch)的故乡。与这位在当地很有名气的人距离如此之近，令库克产生了将来要做一名电机工程师的愿望。暑假期间，库克来到格雷特巴奇的工作间——一间粮食仓库中的经改建的阁楼——打工，将问世不久的晶体管焊入电路，他的这一愿望越发强烈了。1957年，库克进入密歇根大学，学习电机工程。

大学第一年，库克选了一门一个学分的计算机编程课程，并深深沉迷其中。他与一个朋友一起编写了一个检验哥德巴赫猜想（即每一个大于3的偶数都是两个素数之和）的程序。电机工程被抛弃了。库克决定主修数学——20世纪50年代，计算机科学还没有成为一门独立的学科,但是少数数学系开设了与计算机有关的课程。库克选修了密歇根大学开设的所有与计算机有关的课程。图灵对停机问题的解答(即不存在这样一种程序,它能对任何给定的程序进行检查以判定这个程序是不是能在有限的时间内运行结束)使他特别感兴趣。

1961年库克从密歇根大学毕业后,便去哈佛大学攻读数学博士学位。他原本计划研读代数学,但很快就发现自己已深受逻辑学家王浩的影响,当时王浩在哈佛大学应用科学部任教。王浩研究的是自动定理证明这个新领域,它属于一门同样是新兴的学科,这个新学科被麦卡锡(John McCarthy)雄心勃勃地命名为人工智能。

在哈佛大学期间,库克还看到了拉宾(Michael Rabin)在复杂性理论方面的突破性研究工作。复杂性理论的任务是分析计算过程,看看这些计算过程执行起来可以达到怎样的有效程度。稍后,我们就会更多地知道怎样来做这件事。

1966年库克完成了他的博士论文后,在加利福尼亚大学伯克利校区谋得一个职位,并在那儿呆了四年。1970年,他来到多伦多大学(他现在的家)。一年后,他发表了名为《定理证明过程的复杂性》(The Complexity of Theorem Proving Procedures)的论文,其中介绍了他新发现的一个理论概念,称作NP完全性。接下来的事,正如人们所说,都已载入史册了。由于这个发现,库克很快被选为加拿大皇家学会会员和美国科学院院士。

NP完全性的概念为复杂性理论研究者提供了一个分析计算任务的强大工具。虽然库克在他1971年的论文中只是证明了一个极其人为而且晦涩难懂的命题逻辑问题是NP完全的(因此几乎肯定不能在计算机上被有效地解决),但是不出几个月,加利福尼亚大学伯克利校区的卡普(Richard Karp)就证明了另外21个问题也是NP完全的,其中包括一些与工业生产有重大利害关系的极其实际的问题。自那以后,NP

完全问题表扩展到了几百个,或许已达到了几千个,其中包括了几乎所有的工业界最为关心的计算问题。所有这些情况,对库克本人来说都感到有点意外,他在许多年之后说道:"我当初认为NP完全性是一个有趣的想法——我完全没有意识到它的潜在冲击力。"[3]

那么库克在1971年想出的这个NP完全性概念究竟是什么呢?最好的解释方法是举一个简单的例子。

## 雄心勃勃的流动推销员

设想你是一位推销员,你的基地——还能在什么地方呢?——在斯普林菲尔德。你必须驾车去老城、中城和新城这三个城市推销商品,从斯普林菲尔德出发,最后还要回到斯普林菲尔德。为了节省汽油和时间,明智的做法是:对你的行进路线作一番计划,使得你要走过的总路程尽可能地短。于是你调出你的"旅行策划者"软件,查找每对城市之间的最短公路距离。下面是你查到的信息,它们是以表格的形式列出的:

| | 斯普林菲尔德 | 老城 | 中城 | 新城 |
|---|---|---|---|---|
| 斯普林菲尔德 | 0 | 54 | 17 | 79 |
| 老城 | 54 | 0 | 49 | 104 |
| 中城 | 17 | 49 | 0 | 91 |
| 新城 | 79 | 109 | 91 | 0 |

[从新城到老城的距离比从老城到新城的距离多出5英里(约8千米),这是因为新城有一个单向行驶的道路系统。其他每对城市之间,往返距离都相同。]

现在你必须要做的只是对这三个城市进行排序,使得要走过的总路程达到最小。这件事有多容易呢?好,对于这些城市的每一种排序,计算出相应的总距离是一件很简单的事。你必须要做的只是在表中读出四个数,把它们加起来即可。如果你对每一条可能的行进路线——即对这些城市的每一种可能的排序——都做了这件事,那么只要查看一下这些答数,你就可以找到一个给出最短总距离的路线了。如果你真的做一下,你得到的将是如下结果:

| 路线 | 总的英里数 |
|---|---|
| 斯—老—中—新—斯 | 54 + 49 + 91 + 79 = 273 |
| 斯—老—新—中—斯 | 54 + 104 + 91 + 17 = 266 |
| 斯—中—新—老—斯 | 17 + 91 + 109 + 54 = 271 |
| 斯—中—老—新—斯 | 17 + 49 + 104 + 79 = 249 |
| 斯—新—老—中—斯 | 79 + 109 + 49 + 17 = 254 |
| 斯—新—中—老—斯 | 79 + 91 + 49 + 54 = 273 |

很明显,最佳路线是斯—中—老—新—斯,它的总英里数是249英里(约400千米)。

就像大多数简单的例子那样,这个例子不是很现实。只有三个城市要去,各种行进线路之间的差别不会很大,这几乎不值得用计算来决定。但是对一个要去许多城市的雄心勃勃的推销员而言,大量的小差别积累起来能造成很大的差别。

假设你实际上面对着要去10个城市推销的任务。在这种情况下,你很可能会决定用计算机来做这个数学题。你把相应的英里里程表设立成一个电子表格,并编写一个小小的宏以列出不同的路线,然后算出相应的总路程。你最好实际上就是这样做,要不你就准备花大量时间在你的写字桌上埋头苦干吧。要去10个城市,一共有3 628 800种不同的路线。

要弄清楚这个数是从哪儿来的,请看前面那个要去三个城市的例子。作为你要去的第一个城市,有3种可能。去过第一个城市后,接下来有两个城市要去。在你回斯普林菲尔德之前,还有最后一个城市要

去。所以,不同路线的总数是

$$3×2×1 = 6$$

这就是前面所列出的6条不同的路线。

对10个城市而言,作为第一个城市,有10种可能,接下来还有9个城市要去,再接下来有8个城市你可以去,如此等等。所以,不同路线的总数是

$$10×9×8×7×6×5×4×3×2×1 = 3\ 628\ 800$$

当你必须知道做各种各样的事情有多少种不同的方式,这里等号左边的表达式经常出现,因此数学家给了它一个特别的符号。他们把它写成

$$10!$$

你不要以一种激动的或像受到惊吓那样的声调把它大声地念成"十",也不要把它说成是"十感叹号"。你要把它念作"十的阶乘"。

因此,表达式"10!"(10的阶乘)就是下列乘积的简写:

$$10×9×8×7×6×5×4×3×2×1$$

也就是说,

$$10! = 3\ 628\ 800$$

用文字表达就是,"十的阶乘等于三百六十二万八千八百"。

仅仅是10个城市,就有这么多的路线要考查。事实上,假设你要算出每一条路线的总英里数,而计算一条路线正好花费你1分钟。如果你每天工作8小时,中间不休息,一星期工作5天,一年工作52个星期。这将要你花上20多年才能完成这个任务!这里用的感叹号就是它本身的意思:表示惊讶。仅仅10个城市就要20年。

再加一个城市的话,可能路线的数目跳到近4 000万:

$$11! = 11×10×9×8×7×6×5×4×3×2×1$$

$$= 39\ 916\ 800$$

显然,这类计算你不会用手工去做,你会用计算机。但由于阶乘数增长得如此之快,还没增加几个城市,连最先进的计算机也不堪重负了。例如,25! 离16后面跟着24个0这个吓人的数也就差不多了。

$$25! = 15\ 511\ 210\ 043\ 330\ 985\ 984\ 000\ 000$$

对于一个专业推销员而言,去25个城市推销不会是一件完全不现实的事,因此,这个我们所谓的"流动推销员问题"就向我们提出了一项严重的挑战。要是说这个问题乍看上去很简单,那是因为它确实很简单。这里并没有涉及很难的数学。你所要做的只是把一串串数字加起来,然后比较各串数字的和。使得这个问题很难(事实上只能计算少量的城市)的是路线数目的超级庞大。从10个城市到11个,可能路线的数目增加到了11倍。再增加一个城市,路线的数目要再乘以一个12。再多一个城市,去13个城市推销,路线的数目再往上飞跃,这次是乘以一个13。看上去是如此单纯:只是多一个城市而已。但是每增加一个城市,路线的数目就要以一个本身在不断增大的倍数往上飞跃。

数学家把以这种方式增长的数学模式,即其中任何阶段的增长速度与这个阶段的数量大约成正比的模式,称为呈指数增长。阶乘数以指数增长,正是它使得流动推销员问题成了这样的一个杀手。

## 近似解管用吗

列出所有的可能性并对它们进行比较,以试图找出最短的路线,这当然是解决这个问题的一个非常天真的方法。或许还有一个更好的方法?因为流动推销员问题在工业和商业上十分重要,所以数学家使出浑身解数试图找到其他的方法。宽泛地说,他们的方法可归为两类,这两类都涉及高深的数学。

一种策略是满足于一个近似解。你不是去寻找一条总英里数最小的路线,而是去寻找一条与最佳路线的长度偏差落在(比方说)5%以内的路线。采用这种思路,已有一些适用于大多数实际情况的方法。

另一种策略是寻求一个准确的解答,但要全面观察这些城市的地理情况,并设法利用这些城市的布局特点,以减小必须考查的可能路线的数目。例如,一般地说,你应该避免采用使得你从最东边城市直接行进到最西边城市的路线。当你面对一组特定的城市,认为值得付出相当的努力去试图找出一个解答时,一个考虑地理因素的方法是有意义的。但这种方法有个明显的缺点,就是你得到的解答只适用于这组特定的目的地。增加或减少一个城市,你就得重头再来。而且,要使这种方法有效,通常需要大量的技巧。

迄今为止,一个最好的结果是1998年得到的,当时一个数学家团队找到了巡访美国所有人口在500以上的13 509个城市的最短路线。他们用由32台奔腾PC机支持的三台高性能多处理器科学计算机联成一个网络,并在这个网络上进行了三个半月的无间断运算。(这个特定的问题看来并没有什么实际价值。研究者选择它只是为了看看当考虑地理因素后能做些什么事,比方说在一开始就把某些明显不合适的路线排除掉。)

然而,如果不考虑近似解,不考虑对一些特定的城市组合求解,那么实际情况就是没有人知道流动推销员问题的实用解答。迄今已知的解决方法中,没有一个明显好于列出所有可能路线并对它们长度进行比较的方法。而这种方法,正如我们所看到的,除了对于极少量的路线外,是不可救药地无效的。

## 理论工作者登场了

流动推销员问题是20世纪30年代由维也纳数学家门格(Karl

Menger)首次提出的。此后不久,数学家在工业和管理中发现了同样重要的其他问题,而且同样也不能解决。

例如,有一个过程调度问题。在这个问题中,你面对着许多工作,它们都必须完成,比方说在工厂中就会遇到这样的情况。这些工作中有一些要在另一些工作完成之后才能做,而有一些则是能独立完成的。你能不能把这些工作分成组,使得完成所有这些工作总共所花的时间最少?每一组中的工作将被视作一个过程,即完成其中的一个工作后才能做其中的下一个工作,但各个过程可以同时进行。(现代的汽车制造就是一个很好的例子。在组装车身的同时可以组装发动机,但组装发动机的各项工作必须按照一个特定的顺序进行。)

与流动推销员问题一样,一旦你将这些工作分了组,使得每组工作可以与所有其他组同时进行,那么计算总时间所用的数学便是小菜一碟。你所要做的只是在每组中将完成各项工作的时间加起来(以确定完成这组工作所花的时间),然后在这些时间中找出一个最长的。这个最长的时间就是用这种特定的分组法来完成所有工作所需的时间。问题是为了求出所需时间最少的调度安排,你必须对所有可能的分组都这样做一下,而就像流动推销员问题中可能路线的数目一样,这个可能分组方式的数目随着工作数量的增长而以指数增长。

工业领域的数学家为解决这个问题而进行着在很大程度上是徒劳的奋斗,而没过多久理论工作者——纯粹数学家——也前来予以关注了。正如经常发生的那样,当纯粹数学家开始思考这个问题时,他们会问一个非常与众不同的问题。他们说,假设对流动推销员问题根本不存在有效的解法(不考虑近似方法)。那么这个问题也是,你能证明**这一点**吗?如果能,那么你至少知道花费大量的时间、脑力和计算资源来试图解决它是没有意义的。

说有许多聪明人多少年来进行了艰苦的奋斗而结果仍然失败是不

够的。或许他们只是还没有找到正确的思路。要令人信服地证明试图解决这个问题是浪费时间和精力,你必须给出一个扎实可靠的证明,证明不存在明显好于蛮力法(即对所有的可能性进行检验)的方法可以解决这个问题。

从用计算机试图解决一个特定的问题转换到探究用计算机解决问题的方法,这是关于关注点的一个决定性改变。流动推销员问题是一个求出路线的计算任务。理论工作者着手探究的是一个特定任务用计算机来完成可以达到怎样的**有效程度**。

## 解决一个问题需要多少个步骤

理论工作者首先面对的一个问题是,找出一种方法来度量在一台计算机上执行一项特定任务需要多长时间。例如,找出巡访某个城市组合的最短路线需要多长的时间? 很明显,答案(至少)依赖两样东西:所使用的计算机,特别是它的速度和内存容量,和这个组合中城市的数量。新闻媒体对市场上最新款计算机的速度和内存容量通常十分关注,从中你会惊讶地得知,从理论角度来说,这根本不是一个重要的因素。关键在于城市的数量。

很明显,一个问题所具有的数据越多,花费在计算上的时间也越长。但是长出多少呢? 准确地说,如果数据总量增加了一个确定的数量,计算时间会增加多少呢? 例如,如果我们将数据总量翻一番,计算时间是不是也会翻一番? 或者会加到三倍? 还是加到十倍? 或者这个增加量大得更为惊人?

既然我们关心的是计算时间的相应增长,那么不管是两倍、三倍还是更多,实际上的计算时间是多少是无关紧要的。在这种情况下,我们需要做的只是弄清楚这个计算所涉及的基本步骤有多少。这就把问题从度量时间转化为对基本步骤计数了。（从本质上说，这就是为什么这种分析不依赖于所用计算机的类型。）

什么是一个基本步骤？如果我们是在分析人们做算术的方法，那么一个基本步骤就是将两个单独的数码相加或相乘。这是我们孩提时代都必须学习的关于数的基本事实。一旦掌握了这些事实，我们就可以按照一个标准的程序对任何一对数做加、减、乘、除了。算上进位，用这个程序把两个 $N$ 位数（这里 $N$ 可以是 2、3、4，等等）相加至多涉及 $3N$ 个基本步骤。例如，将两个 4 位数相加需要 $3×4 = 12$ 个基本步骤。

把两个 $N$ 位数相乘的标准方法涉及 $N^2$ 个基本的整数对乘法（用我们在学校中都学过的乘法表），最多再加上处理进位的 $N$ 个加法。一起算进，最多有 $N^2 + N$ 个基本运算。由于我们的目的是对一个特定的计算可能需要多少个步骤有一个认识，而且注意到表达式 $N^2 + N$ 的值总是小于 $N^2 + N^2$，即 $2N^2$，数学家就对这里的代数表示作了简化。于是就说，两个 $N$ 位数相乘所涉及的基本运算少于 $2N^2$ 个。例如，将两个 4 位数相乘所需要的基本步骤少于 $2×4^2 = 32$ 个。

我们可以用大致同样的方法来分析计算机所做的算术。既然所有的计算机在其最基本的层次上都以本质上相同的方式运作，那么一种分析方法就是把 CPU（中央处理器，计算机中进行实际计算的部件）的一次二进制操作取为一个基本步骤。但没有必要深究到这一层次。如果你在计算机正常的范围内把一对十进制数的加法或乘法取为一个基本运算，则分析的结果在本质上是相同的。

不管我们是考察分析成单数码运算的心算，还是考察分析成基本算术运算的计算机算术，加法都是所谓"线性时间过程"的一个例子。一个线性时间过程是对规模为 $N$ 的数据（例如，在心算加法的情况中，两个要相加的数各有 $N$ 位数码），至多需要 $C×N$ 个基本步骤来完成的过程，这里 $C$ 是某个固定的数（在心算加法的情况中，$C = 3$）。

　　既然我们只是同意用基本步骤来进行分析,而不是用计算时间进行分析,我们或许应该称之为"线性基本步骤"而不是"线性时间"。但是由于这类分析的原本目的是要了解计算机执行一个特定任务需要花多少时间,所以最初采用了"线性时间",这就固定了下来。在谈到其他计算任务时也采用这一习惯说法了。既然任何基本运算(我们可以假定)都需要相同的固定时间,那么基本步骤的数目就直接对应于计算所花的时间。因此,这个由历史形成的术语与有关的数学并不冲突。

　　词组"线性时间"中的单词"线性"是指,如果你画出步骤数目与数据规模之间关系的图像,那将是一条直线。(直线的方程式将是 $S = CN$, $S$ 是步骤数目。)

　　相应地,乘法是一个"平方时间"过程。一般来说,如果一个过程对规模为 N 的数据至多需要 $C \times N^2$ 个步骤来完成,其中 $C$ 是某个固定的数(在心算乘法的情况下,$C = 2$),那么它就被说成是以平方时间运行。

　　一个比线性时间过程和平方时间过程更为一般的概念是"多项式时间过程",一个多项式时间过程是对规模为 N 的数据至多需要 $C \times N^k$ 个基本运算的过程,其中 $C$ 和 $k$ 是某两个固定的数。

　　所有的算术四则运算——加、减、乘、除——都是多项式时间过程。

　　当面对一个计算过程时,理论工作者就寻找这样一个代数表达式(例如 $CN$、$CN^2$ 或 $CN^k$),它能给出这一过程对于规模已知为 N 的数据来说所需要的基本步骤数目的一个上界估计。他们称这样的表达式为这个过程的"时间复杂性函数"。多项式时间过程是以多项式表达式(如 $CN$、$CN^2$ 或 $CN^k$)为时间复杂性函数的过程。

## 比宇宙的寿命还要长：多项式时间对指数时间

　　大致而言,多项式时间过程是计算机能有效处理的一种过程。我说"大致而言",是因为如果那两个固定的数$C$和$k$都十分巨大,比方说,如果$k$是好几千好几万,那么这一过程可能会包括如此多的步骤,以致相应的计算可能会花去宇宙的一生时间。不过实际上,日常生活中往往会产生的多项式时间过程所具有的$C$和$k$的值是完全适度的——其实$k$一般是个位数,因此它们确实能被计算机有效地处理。

"多项式时间"类型的真正价值是在与需要"指数时间"的计算任务的比较中显示出来的。后者是面对规模为$N$的数据时需要$2^N$个或更多的基本步骤来完成的过程。(严格地说,专家使用的定义更加广泛,但这是个技术问题,我们可以放心地予以忽略。)例如,用简单搜索过程来求解流动推销员问题需要至少$N!$个基本步骤才能找到答案,这远远多于$2^N$个步骤。

使得指数时间过程几乎无法在威力最强大的计算机上运行的原因,是$2^N$随$N$的增大而增大的速度。要对这种增大有某种了解,请设想有一张普通的国际象棋棋盘。假定我们在这张棋盘上依次为方格编号。从左上角为1开始,一行一行地编号,直至右下角为64。现在设想我们在这棋盘的每个方格里放1美元的硬币。在1号方格内我们放2枚硬币$(2^1)$,在2号方格内放4枚硬币$(2^2)$,在3号方格内放8枚硬币$(2^3)$,依次类推。后一个方格内放的硬币正好是前一方格内的两倍。在最后一个方格中我们将正好放上$2^{64}$枚硬币。你认为这一堆硬币会有多高呢?6英尺(约1.8米)?50英尺(约15米)?或更高?事实上,它大约有37万亿千米高。它将超过月亮(仅40万千米远)和太阳(离地球1.5亿千米),一直伸到最近的恒星——半人马座的比邻星。

在这棋盘的开头几个方格里,每堆的硬币数目并不算多。但当$N$变大时,每堆的硬币开始猛增。同样地,当数据规模十分小时,是可以运行一个指数时间过程并得到一个答案的。例如,对于去三个城市推销的流动推销员问题,我们用手工就求得了最佳路线。但是随着数据规模的增加,结果是根本没有足够的时间来完成计算。对于在工业和商业中产生的几乎所有的指数时间过程,即使要处理规模相当适度的——这非常实际——数据,也要让世界上最快的计算机花上比宇宙寿命还要长的时间。下表比较了在一台中等运算速度的计算机(1秒完成100万个基本算术运算步骤)上运行一些具有不同时间复杂性函数的过程所需的时间。

| 时间复杂性函数 | 数据规模:$N$ | | | | |
|---|---|---|---|---|---|
| | 10 | *20* | 30 | 40 | 50 |
| $N$ | 0.00001秒 | 0.00002秒 | 0.00003秒 | 0.00004秒 | 0.00005秒 |
| $N^2$ | 0.0001秒 | 0.0004秒 | 0.0009秒 | 0.0016秒 | 0.0036秒 |
| $N^3$ | 0.001秒 | 0.008秒 | 0.027秒 | 0.064秒 | 0.125秒 |
| $2^N$ | 0.001秒 | 1.0秒 | 17.19分 | 12.7天 | 35.7年 |
| $3^N$ | 0.059秒 | 58分 | 6.5年 | 3 855个世纪 | 20 000 000个世纪 |

表中前三行的过程是以多项式时间运行的。所需的计算时间随着数据规模的增加而增加,但是这种增加是稳定的,即使数据规模为50,过程运行也只需要远不到1秒的时间。

后两行显示的是以指数时间运行的过程。这时计算时间增加得极快。对于以$2^N$时间运行的过程,一旦数据规模增加到大约40,计算就要几天的时间,而当数据规模仅仅增加到50时,这个过程竟然需要35年以上的时间才能求出答案。对于以$3^N$时间运行的过程,数据规模是40时几乎需要4000个世纪来处理,而当数据规模是50时,居然需要2千万个世纪。

这张表显示了多项式时间过程与指数时间过程之间存在的鸿沟。显而易见,如果对于一个特定的问题,你所知道的唯一解决方法是使用指数时间过程,那么你将不会有能力解决这个问题,除非数据规模非常小。特别是,除了相对较小的$N$外,$N!$一般比$3^N$大得多,所以对于流动推销员问题来说,检查所有可能性的方法是行不通的。

## 一张更精细的筛网

多项式时间过程与指数时间过程之间的鸿沟也说明了这种分类的一个明显缺点:它太过粗略了。数学家意识到了这一点后,便寻找中间尺度的过程复杂性。他们注意到,对于像求解流动推销员问题或过程调度问题的简单搜索法这样的过程来说,困难并不是来自复杂的计算。相反,计算倒是极其简单的。使得问题几乎无法解决的原因,是需要检查的可能性的数量之多。为此,要一遍又一遍地重复进行极其简单的同一计算。因为一个人或一台(数字)计算机必须串行地(即完成一个才能进行下一个)进行这些计算,所以完成全部过程所需要的时间长得令人望而生畏。

为了试图把这种过程与包含一种真正复杂计算的过程区分出来,数学家提出了第三种类型:非确定性多项式时间过程,或简称NP过程。由于通常的计算机都是确定性的——它们按事先规定好的规则以一种完全可预期的方式工作——所以采用"非确定性"这个词会给人们一个暗示,即这个新概念是一个理论的东西,与实际的计算基本无关。下面是它的大致思想。

设想你有一台这样的计算机,它能在一次计算的某些阶段从许多备选的数中作出一个完全随机的选择。比方说,当面对流动推销员问题的一个具体例子的时候,这台计算机能从这位推销员可以走的所有可能的路线中随机地选出一条。为了解出这个问题,这台计算机选出一条路线并算出相应的总距离。如果实际上是这样做的,那么这条选出的路线不是最短路线的概率是极大的。但假定这台特别的计算机具有好得不可思议的运气,使得它总是作出最佳的选择。于是它会在多项式时间内解决这个问题。作出一个随机猜测并能幸运地猜中的本领,使得我们避开了可能性的数量大得令人望而生畏这个难题。

一般说来,如果一个问题或任务可以用一台非确定性计算机在多项式时间内解出或完成,我们就说它是NP型的,而非确定性计算机就是能从一系列备选对象中作出一个随机选择而且能极其幸运地选中的计算机。(但要注意的是,这种计算机必须要检验它的猜测的正确性。NP类的本质在于,**仅仅**是可能性的巨大数量造成了困难。对于一个NP问题,检验一个给定的答案是否正确这件事必须是能在多项式时间内完成的。)

从直觉上说,NP问题介于多项式时间问题(简称P问题)与指数时间问题之间。因为NP概念建立在一个完全不现实的想法上,即有一种计算机能老是作出最佳的随机选择,所以它是纯理论的。然而它显示出相当大的重要性。一个理由(我不久将给出另一个理由)是,在工业和管理中出现的大多数指数时间问题都是NP型的。使得它们很难解决的原因并不是有关的计算很复杂,而是必须对极其大量的实质上相同的情况重复执行一种相对容易的计算。

当NP分类于20世纪60年代第一次被提出时,计算机科学家臆断P类与NP类并不是同一个类——虽然每个P问题当然都是NP问题,但是有一些NP问题肯定不属于P类。理由是,一台运行多项式时间算法的标准计算机似乎无论如何也不可能表现得像一台想象的非确定性计算机作准确猜测时那样。例如,专家们认为,如果没有一台假想的非确定性计算机的准确猜测能力,流动推销员问题也许根本不可能在多项式时间内解决。

人人都认为这只是个时间问题:迟早有人会给出某个可证明不属于P类的NP问题——不是流动推销员问题,就是其他什么问题——从而证明P和NP是不同的问题类。但这件事至今没有发生。也没有人能证明相反的结论,即P与NP事实上是同一个问题类。于是,P对NP问题产生了。

到这一阶段——20世纪60年代后期——这个问题的含金量已相当可观。工业与管理中的许多重要问题都被证实是NP问题。如果能证明P就是NP,那无疑将激发人们以极大的努力去找出解决这些重要问题的有效过程。(我应该指出,证明了NP与P相同,这本身并不能导致人们得出解决具体的NP问题的有效过程。它表明的只是任何NP问题在原则上可用一个多项式时间过程解决。关于这样的一个过程可能是什么样的,它不一定会提供什么线索。)

这时,库克登场了。在他1971年的那篇著名论文中,库克大大提高了P对NP问题的身价,这就给出了NP分类之所以重要的第二个理由。

库克证明存在一个特殊的NP问题,它具有一种奇特的性质:如果这个特殊的问题能用多项式时间过程解决,那么其他任何的NP问题也能! 库克的这个问题到底是什么性质的问题,这不需要我们在这儿关心。总之,这是一个关于什么类型的任务可以在一台非确定性计算机上执行的问题。库克证明其结论的方法是:他显示了怎样可以将任意给出的NP问题转化成他这个特殊的问题,这样,如果他这个问题能在多项式时间内解决,那么通过转换,那个给出的NP问题也能。库克将这个奇怪的性质命名为NP完全性。根据库克的定义,对于一个NP问题,如果发现了一个可以解决它的多项式时间过程将意味着NP类中的每一个问题都可以用一个多项式时间过程解决,则这个NP问题被称为NP完全的。虽然库克的问题是一个来自形式逻辑的高度理论性的问题,但没过多久,卡普等人就证明了其他许多更为令人熟悉的NP问题也具有这个NP完全性,其中包括流动推销员问题和过程调度问题。

提出NP完全性的概念,以及发现大多数重要的NP问题是NP完全的,这些可以认为是对工业界的一个沉重打击,因为对工业界人士而言,发现能解决诸如流动推销员问题的有效过程就意味着美元滚滚而来,利润大幅增长。这并不是说NP完全性就意味着一个问题**肯定**不能有效地解决。毕竟,在P对NP问题尚未解决的情况下,仍有可能证明P与NP是同一类,如果证明了这一点,那么任何NP问题原则上都可以在多项式时间内解决。准确点说,证明一个特定的问题是NP完全的,就对它的难度,以及你将找到一个多项式时间过程来解决它的不可能程度给出了一个尺度。下面解释一下。

由于像流动推销员问题或过程调度问题这样的问题十分重要,多少年来,无数杰出的研究人员花了大量时间试图找到有效的方法来解决它们,但都以失败告终。现在假设你发现你情有独钟的NP问题事实上是NP完全的。这就告诉你,你的这个问题与所有那些人都没能解决的所有那些问题一样难。结果是,如果一个特定的问题被证明是NP完全的,那么大多数专家就把此作为一个不值得花费时间和精力来为它寻找一个完整解的充足理由。他们转而把自己的精力用在寻找一个好的近似通解或针对这个问题的特例寻找一次性解上。因此,尽管NP分类具有高度的人为性质,但它的确有助于管理者决定把他们的研究精力投在什么地方。

但是未被解决的P对NP问题依然潜伏在每一件事情后面。一个关于P与NP相同的证明将在原则上使得关于NP完全性的所有工作成为对时间的一种浪费。(我说"在原则上",是因为一个关于P与NP相同的证明仍然给你留下了一个任务:去找出可以解决各种NP问题的实际的多项式时间过程。)

这样的一个证明还会对互联网的安全产生严重的后果。正如我们在第一章中所看到的,在20世纪70年代中期,科学家与计算机专家对在一个开放的计算机网络中传递的电子信息,研制出了一种强有力的加密新方法。这种方法(称作RSA加密系统,由三位发明它的数学家的名字首字母组成)的安全性依赖于破译这个密码的问题不属于P类。这样,虽然这个密码在原则上可以被破译,但是这需要最快的计算机花上好几年的时间才能做到。然而,破译这个密码是一个NP问题。(如流动推销员问题一样,困难在于有关的可能性数量巨大。)如果证明这个密码破译问题事实上属于P类,那么立即就得放弃这种方法。

人们还不知道RSA加密系统的破译问题是不是NP完全的(很可能不是),因此,用不着证明P与NP相同,也许就会研究出这个问题的一个多项式时间解法。而另一方面,如果证明了P与NP相同,那么立即就说明RSA系统的破译问题可以在多项式时间内解决。那样的话,整个互联网的安全系统将处于极不可靠的状态。既然在保证开放的互联网的通信安全方面,我们目前不知道任何不依赖于一个NP问题之不可能有效解决的方法,那么当今西方经济对互联网上安全电子通信的依赖显示了P = NP的含金量有多么高。

## 是对还是错

P与NP是相同还是不同? 发现有许多问题是NP完全的,就意味着数学家有许多种方法来试图证明P = NP。无论哪一个NP完全问题,只要找到一个能解决它的多项式时间过程,那么就立即得到P = NP。例如,一个解决流动推销员问题的多项式时间过程,就是关于P = NP的一个证明。

不过,老手恐怕还是把本钱投在P与NP不同这一点上。要证明这一点,你必须去找一个你能证明不存在多项式时间过程解法的NP问题。这个问题可以是一个已知的问题。例如,如果你能证明流动推销员问题肯定无法用多项式时间过程解决,那么你就证明了P与NP并不相同。

这并不像你想的那样简单。取某个能解决流动推销员问题的特殊过程并且证明它不是多项式时间过程，这是不够的。证明迄今研究出的所有过程没有一个是以多项式时间运行，也是不够的。确切地说，你必须证明不可能存在以多项式时间解决这个问题的过程。这意味着你的证明必须考虑可以解决这个问题的任何过程，不仅仅是那些已知的，还要包括将来可能（或不可能）发现的任何过程。

在圈外人看来这也许有些奇怪，但是数学家已在某些情况下能证明关于这种未知的对象集合或过程集合的结果。库克对NP完全性的证明就是这样一种结果。他证明了如果他那个特殊的NP问题可以在多项式时间内解决，那么包括所有尚未发现的NP问题在内的任何其他NP问题都同样可以在多项式时间内解决。然而，在证明P≠NP的情况中，没人已接近证明存在某个NP问题，它无法用多项式时间过程求解。这就是P对NP问题为什么会成为一个千年难题。

然而，正如我在本章开头所说的那样，在所有的千年难题中，P对NP问题是最有可能被一位无名的业余爱好者解决的问题。不但这个问题所说的内容相对容易理解，而且它的解决也许全在于一个新颖的好主意。许多年前，我用了大约一个星期来思考这个问题，寻找那个新颖的主意。我没能走得很远。确切地说，我毫无进展。我采用的思路是——而且我是试图证明P与NP不同——设法建立一个计算问题，它显然是NP问题，但是我可以证明没有多项式时间过程可以解决它。这个主意——我确信有许多数学家已经尝试过——是设计我的NP问题，使得**根据其本性**它就不可能在多项式时间内解决。这个NP问题不会是一个来自工业界的标准问题。因为这个主意是将足够的信息构建在这个问题里，以让我能证明它不可能在多项式时间内解决，所以我估计它会有一个奇怪的人为的外表——或许与库克当初提出的那个NP完全性问题没有什么很大的不同。

正如我所言,我在这条思路上什么目的也没达到。而且我也不打算达到什么目的。我没能找到一种方法,可把一种我用来证明这个问题不能在多项式时间内解决的性质构建进去。然而,我依然相信这是P对NP问题最终获得解决的方法。如果你想尝试一下——我是不会这样建议非专业人士去解决其他千年难题的——那我最好还是预祝你好运!

## 第四章

# 制造波动：纳维-斯托克斯方程

　　参观埃菲尔铁塔的人通常都忙着翘首仰望，很少注意到塔身四面各有一条刻着一排人名的饰板。但对于注意到这些饰板的人来说，细看之下却发现大出意料，这些名字并不是那些与建造这座铁塔有关的人。事实上，当埃菲尔(Gustave Eiffel)在1889年建造这座著名的纪念塔时，他挑选了72位19世纪著名的法国科学家，将他们的名字显示在铁塔上，以示崇敬。

　　第一面(向着特罗卡代罗区的那一面)上的18个名字是一些著名的数学家，最引人注目的有拉格朗日(Lagrange)、拉普拉斯(Laplace)与勒让德(Legendre)。在这条饰板上你还会发现纳维(Claude Louis Marie Henri Navier)的名字。但是与其他人不同，纳维的名字出现在那里并不是由于他如今为人们所纪念的对数学及理论物理学的贡献。他在世时，他更广为人知的身份是法国最著名的工程师之一——桥梁设计师和建筑师——一位杰出的公众人物。他是社会学的奠基人之一、法国著名哲学家孔德(Auguste Comte)的好友。他从1830年到1836年逝世，一直担任法国政府顾问，就如何利用科学技术发展国家实力献计献策。

　　这位著名的桥梁建筑师和政府顾问的名字怎么会与七大千年难题

之一联系在一起呢?

尽管纳维作为一位工程师而享有盛名,但他也受过做数学家的训练,甚至在著名的巴黎综合工科学校(Ecole Polytechnique)跟着伟大的数学家傅里叶(Joseph Fourier)学习过一段时间。1820年前后,当纳维在法国桥梁和公路学校(Ecole des Ponts et Chaussées)教授工程学和应用数学时,他开始思考与流体有关的数学。在1821年到1822年间他发现了如今已很著名的纳维-斯托克斯方程组。

他们的这个方程组在我们对流体的数学描述中占据着中心地位。要了解这些方程是从什么地方得来的,我们需要追溯到200年前。

18世纪上半叶,瑞士数学家丹尼尔·伯努利(Daniel Bernoulli)展示了如何让微积分方法适用于分析流体在受到多个力作用下的运动方式。在这一工作的基础上,伯努利的同胞欧拉建立了一组方程,它们的解精确地描述了假设的无黏性流体的运动。

1822年,纳维改进了欧拉的方程,使之能适用于有一定程度黏性的流体这一更为实际的情况。纳维的数学推导是有缺陷的。但由于运气好(或者说由于工程师的过人直觉),他最后得出的方程是正确的。几年之后,爱尔兰数学家斯托克斯(George Gabriel Stokes)作出了正确的推导。

斯托克斯于1819年出生在爱尔兰的斯莱戈郡,年轻时即显示出数学天赋。他于1837年进入剑桥大学彭布罗克学院,于1841年以名列前茅的数学成绩毕业,并获得一笔奖学金留校做研究工作。

从一开始,斯托克斯就专注于采用微积分方法来解释流体的运动。他重新发现了20年前纳维推出的公式(但他用的是正确的推理)。事实上,斯托克斯将这一理论发展得比纳维更为深远。他由此步入了辉煌的职业生涯,他于1849年被任命为卢卡斯数学教授[这个显赫的职位曾由牛顿、天体物理学家霍金(Stephen Hawking)等人担任],

并于1852年被选为皇家学会会员。(虽然斯托克斯没有像纳维那样被人们将名字刻在一座举世闻名的铁塔上以志纪念,但他**已经**获得了一种在许多人看来方式更为伟大的纪念:在月亮和火星上都有以他名字命名的环形山!)

在纳维和斯托克斯的工作的基础上,到19世纪末,看来数学家只差一步就要发展出一种关于流体运动的完整理论了。人们有理由期望这样一种理论会有许多的应用。例如,了解了流体在物体表面是怎样流动的,人们就可以改进船舶与飞机的设计。这或许还可以帮助我们了解心脏的工作方式以及血液在我们动脉和静脉中的流动方式——也许可以导致救生医疗器械的发明。

只有一个问题尚待解决。没有人能够找到一个解纳维-斯托克斯方程的公式。确切地说,没有人能够在原则上证明这个方程是否有解!(更确切地说,我们不知道是否存在一个**数学**解——一个满足这个方程的**式子**。当然,每当一种真实的流体作了一次流动,大自然就"解"了一次这个方程。)迄今我们得到的最重要的经验是,关于流体运动的数学看来极其困难。

不过,在200年中,通向提出这个方程的数学道路看来走得还算顺畅,几乎没有迹象表明前进的脚步很快就会停止。让我们稍稍仔细地重走一下这条道路吧。

## 驯服运动的人

当16世纪和17世纪初的数学家试图写出描述行星运动的公式时,他们遇到了一个基本的问题。数学的工具本质上是静态的。数、点、线等等,对于计算和测量是精良的,但是仅靠它们本身是不能让你描述运动的。为了研究连续运动的物体,数学家必须找到一种方式,以把这些静态的工具应用于研究变化的模式。17世纪中叶,有两位数学家——英国的牛顿和德国的莱布尼茨——各自独立地得到了关键性的突破。如今他们发现的方法被称作微积分学。

我在第一章中曾解释过,微积分的方法就好比制作电影。如果你以足够快的速度对一个运动场面拍下一系列静止的照片,然后将这些照片以每秒24帧或更快的速度放映在屏幕上,人脑就会将放映结果视为连续的运动。牛顿和莱布尼茨的想法同样是将连续运动视作是由一系列静止形态组成的。每一个静止形态可以用现有的数学技巧来分析——原则上是用几何和代数。困难在于将所有的静止形态组合起来。每秒24帧的速度会欺骗人脑,使它以为看到了连续的运动。要在数学上形成连续运动,牛顿和莱布尼茨必须以无穷大的速度"放映"这些静止的形态,而每一形态只能持续无穷短的时间。微积分就是由牛顿和莱布尼茨(以及后来的其他人)为执行这个把无穷个形态按顺序排好的工作而研究出来的一套技巧(见图4.1)。

图4.1　在一部电影中,我们看到的一位网球运动员发球的连续动作,是一系列快速拍下的静止图像所造成的结果。

牛顿于1643年的圣诞节出生在林肯郡的一个叫伍尔索普的村庄。1661年,在接受了完全正规的文法学校教育之后,他进入剑桥大学三一学院。在那里,他主要通过自学,对天文学和数学达到了烂熟于胸的程度。1664年,他被升入"奖学金获得者"的行列,这个地位使他得到了4年的经济资助,以攻读硕士学位。

1665年,伦敦爆发腺鼠疫。为防止这致命的疾病万一传播到首都以北50英里(约80千米)时造成严重后果,剑桥校方关闭了学校,将学生和教职员工疏散回家。牛顿回到了伍尔索普,在那里,他着手改变人类文明的进程。年仅23岁的他,就这样开始了有史以来在全新科学思想方面最富有成果的年代中的两年生涯。发明流数(他对微分的称呼)方法,只是他那几年在数学和物理学方面的几个重大成就之一。

1667年重返剑桥之后,牛顿完成了硕士学位课程,一年后他被选为三一学院的研究员,这是一个终身职位。1669年,当巴罗(Isaac Barrow)辞去卢卡斯教席而去做国王的宫廷牧师时,牛顿被指派担任此职。

由于十分害怕批评,牛顿一直没有出版包括微积分在内的大量研究成果。但是到1684年,在天文学家哈雷(Edmund Halley)的劝说下,牛顿开始准备出版他关于运动定律和万有引力的一些研究工作。《自然哲学的数学原理》(Philosophiae Naturalis Principia Mathematica)于1687年终于问世,它永远地改变了物理科学,确立了牛顿作为有史以来最杰出科学家之一的地位。

1696年,牛顿辞去了剑桥的教席,成了皇家铸币厂的厂长。1704年,正是在他负责铸造英国钱币期间,他出版了《光学》(Opticks)一书,这是一本概述他在剑桥期间研究的光学理论的皇皇巨著。在这本书的附录中,他给出了他在40年前研究出来的流数方法的一个简要叙述。这是他第一次发表这个研究。从17世纪70年代初开始,一个更为详尽的叙述——《分析》(De Analysi),在英国数学界私下流传,但直至1711

年才正式出版。牛顿所写的关于微积分的完整叙述，直到他死后第9年，即1736年才得以问世。

就在《光学》出版之前，牛顿被选为皇家学会会长，这是英国科学家的最高荣誉。1705年，英国女王安妮（Queen Anne）封他为爵士，这是来自王室的最高嘉奖。牛顿以84岁高龄于1727年逝世，葬于威斯敏斯特大教堂。教堂中的墓志铭上写道："凡人们，祝贺你们自己吧！因为有一位如此伟大的人曾经为了全人类的荣誉而活着。"

微积分的另一位发明者即莱布尼茨，是一位哲学家的儿子，他于1646年出生于莱比锡。作为一名神童，他让他父亲的那个学者式大图书馆物尽其用。15岁时，年轻的莱布尼茨进入了莱比锡大学。5年后，他完成了他的博士论文，被安排走上了学术研究之路。但之后，他突然决定离开大学生活，进入政府机关。

1672年，莱布尼茨成为驻巴黎的一位高级外交官。他从那里多次出访荷兰和英国。这些访问使他与当时许多重要学者进行了接触，其中便有荷兰科学家惠更斯（Christian Huygens）。惠更斯鼓励这位年轻的德国外交官重新开始在数学方面的研究。事后证明，这是一次意义重大的会晤。到1676年，莱布尼茨已经从数学领域中的一名实质上的新手成长为靠自己发现微积分基本原理的人。

真的是他发现的吗？当1684年莱布尼茨在他主编的杂志《学术学报》（*Acta Eruditorum*）上发表一篇论文，首次公开他的发现时，许多英国数学家大叫可耻，他们指责莱布尼茨，说他的思想是从牛顿那儿拿来的。的确，1673年莱布尼茨在伦敦访问皇家学会时，曾看过牛顿的一些未发表的工作。而且在1676年，作为对莱布尼茨索要关于这一发现的更多信息的回答，牛顿也写过两封信给他的这位德国对手，提供了一些细节。

虽然这两个当事人基本上都置身事外，但英、德两国数学家关于是谁发明了微积分的争论却渐趋白热化。不可否认,牛顿的工作做在莱布尼茨之前,但这个英国人对此没有发表过任何东西。相反,莱布尼茨不仅及时地发表了他的工作,而且他那更为几何化的途径导致了一种在许多方面更为自然的处理方法,这种方法很快在欧洲流行开来。其实,直到今天,莱布尼茨通过几何走向微分的途径在全世界的微积分教学中仍然被普遍采用。莱布尼茨的导数符号(我们马上就会用到的$dy/dx$)也被广泛使用。而牛顿的采用物理运动的途径以及他的符号,除了物理学之外,很少被用到。现今普遍的观点是,虽然莱布尼茨的某些思想几乎可以肯定是得自牛顿的工作,但这位德国人的贡献无疑十分重要,重要得足以使这两人共享发明微积分的荣誉。

莱布尼茨与牛顿一样,并不愿把自己的一生都用在数学研究上。他研究哲学;他发明了形式逻辑的一种理论,那是现今符号逻辑的一个先导;他成了梵文和中国文化方面的一名专家。1700年,在创建柏林科学院的过程中,他是一支主要的力量。他担任了这个科学院的院长,直到1716年逝世。然而,不像牛顿在威斯敏斯特大教堂受到国葬待遇,微积分的德国发明人被悄无声息地安葬。

## 微积分是什么

关于发明微积分的人,就说这些了。那么微积分究竟是什么呢?

微分学提供了一种描述和分析运动和变化的方法。但不是任何的运动或变化,必须要有一种描述其发生过程的模式。具体而言,微分学是对模式进行操作的一套技术["微积分"(calculus)一词在拉丁文中指卵石,早期的计数系统需要对卵石进行实际操作]。

微分学的基本运算是称为微分的过程。微分的目的是得出某些变化量的变化率。为了做到这一点,变化量的值、位置或路径必须由一个适当的式子给出。然后对这个式子进行微分,产生另一个能给出变化率的式子。因此,微分是把一个式子转换成另一个式子的过程。

例如,设一辆汽车在一条道路上行驶,已驶过的路程,设为 $x$,按照下述式子随时间 $t$ 而变化:

$$x = 5t^2 + 3t$$

那么,根据微积分,任何时刻 $t$ 的速度 $s$(即位置的变化率)由式子

$$s = 10t + 3$$

给出。式子 $10t + 3$ 就是对式子 $5t^2 + 3t$ 进行微分的结果。(你很快就会看到在这种情况下微分是如何进行的。)

注意在这个例子中,汽车的速度不是一个常数,它随时间而变化,这一点同路程一样。可以第二次应用微分过程,以获得加速度(速度的变化率)。对式子 $10t + 3$ 进行微分,得到加速度

$$a = 10$$

在这个例子中加速度是一个常数。

对之施用微分过程的基本数学对象称为函数。没有函数的概念,就不可能有微积分。就像算术中的加法是一种处理数的运算,微分是一种处理函数的运算。

那函数又是什么?最简单的回答是,在数学中,函数是让你由一个给定的数计算出另一个数的一种规则。(严格地说,这是一种特殊情况,但它对理解微积分是如何进行的还是适合的。)

例如,一个多项式

$$y = 5x^3 - 10x^2 + 6x + 1$$

就决定了一个函数。任意给出 $x$ 的一个值,这个式子告诉你如何计算出 $y$ 的一个对应值。例如,给出 $x = 2$,你可以计算

$$y = (5 \times 2^3) - (10 \times 2^2) + (6 \times 2) + 1$$

$$= 40 - 40 + 12 + 1 = 13$$

另外的例子有三角函数 $y = \sin x$，$y = \cos x$，$y = \tan x$。但对这些函数根本没有像我们在多项式的情况中能有的那种简单方法来计算 $y$ 的值。我们熟知，它们的定义是通过直角三角形各条边的比而给出的，但是这些定义只是在给出的 $x$ 是一个小于直角的角时才适用。数学家用正弦函数和余弦函数来定义正切函数：

$$\tan x = \frac{\sin x}{\cos x}$$

而正弦函数和余弦函数则用无穷和来定义：

$$\sin x = x - \frac{x^3}{3!} + \frac{x^5}{5!} - \frac{x^7}{7!} + \cdots$$

$$\cos x = 1 - \frac{x^2}{2!} + \frac{x^4}{4!} - \frac{x^6}{6!} + \cdots$$

要理解这些公式，你需要知道，正如我们在第三章中所看到的，对任意自然数 $n$，$n!$（读作 $n$ 的阶乘）等于从 1 到 $n$ 的所有自然数的乘积。例如，$3! = 1 \times 2 \times 3 = 6$。你还需要明白，这些公式中的三个点是指这个级数以同一模式无穷地继续下去。关于 $\sin x$ 和 $\cos x$ 的无穷和总给出一个有限值，在某种程度上可以把它们当作项数有限的多项式进行操作。

再有一个关于函数的例子，那就是指数函数

$$e^x = 1 + \frac{x}{1!} + \frac{x^2}{2!} + \frac{x^3}{3!} + \frac{x^4}{4!} + \cdots$$

同样，这个无穷和总给出一个有限值，也可以把它当作项数有限的多项式进行操作。令 $x = 1$，你得到

$$e^x = e^1 = 1 + \frac{1}{1!} + \frac{1}{2!} + \frac{1}{3!} + \frac{1}{4!} + \cdots$$

这个无穷级数的值就是数学常数 $e$，它是一个无理数。它的十进小数展开的头几位是 2.71828。

指数函数 $e^x$ 有一个重要的反函数，也就是说，一个与 $e^x$ 的作用正好相反的函数。它就是自然对数 $\ln x$，我们在第二章曾经遇到过。如果我们从一个数 $a$ 出发，通过函数 $e^x$ 而得到数 $b = e^a$，那么，当你将函数 $\ln x$ 作

用于 $b$ 时,你就又得到了 $a$——$a = \ln b$。

## 如何计算斜率:导数

像多项式,或者关于三角函数或指数函数的无穷和这样的代数式,都是一种用来描叙某一类抽象模式的非常精确的方式。这些情况中的模式是一种将一对数联系起来的模式:把你用以作为出发点的自变量或自变数 $x$,与由此得到的应变量或应变值 $y$ 联系起来。在许多情况下,这种模式可以用一幅图像来说明。一个函数的图像让你一眼就看到变量 $y$ 是如何与变量 $x$ 相联系的。

例如,在如图 4.2 所示的正弦函数这种情况中,当 $x$ 从 0 开始增加时,$y$ 也增加,直到 $x = 1.5$ 附近的某个地方(准确的点是 $x = \frac{\pi}{2}$ ),$y$ 开始减少;大约在 $x = 3.1$ 处(准确地说,是 $x = \pi$),$y$ 变为负值,而且继续减少,一直到大约 $x = 4.7$ 处(准确地说,$x = \frac{3\pi}{2}$ ),才又开始增加。

牛顿与莱布尼茨所面临的是这样一个任务:你如何求出一个函数(例如 $\sin x$)的变化率? 也就是说,你如何求出 $y$ 相对于 $x$ 的变化率? 从

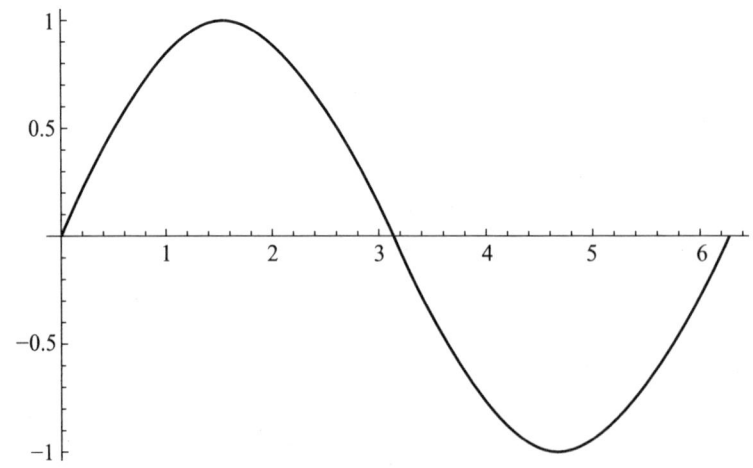

图 4.2　函数 $y = \sin x$ 的图像。

图像的角度看,这相当于求出这条曲线的斜率——它有多陡? 困难在于这个斜率不是常数:在一些点处这条曲线急遽上升(大的正斜率),在另一些点处这条曲线几乎水平(斜率接近于零),而在其他一些点处这条曲线急遽下降(大的负斜率)。

总而言之,正如 $y$ 的值取决于 $x$ 的值,任一点的斜率也取决于 $x$ 的值。换句话说,一个函数的斜率本身就是一个函数,一个派生的函数。现在的问题是,给出一个函数的式子——一个描述 $x$ 与 $y$ 之间联系模式的式子——你能求出一个描述 $x$ 与斜率之间联系模式的式子吗?

从本质上看,牛顿与莱布尼茨提出的方法如下所述。(我采用的方法接近于莱布尼茨的方法;牛顿是用另一种方法描述事物的,而且使用了一种多少有点与莱布尼茨不同的符号。)为简单起见,考虑函数 $y = x^2$,它的图像如图4.3所示。当 $x$ 增大时,不但 $y$ 增大,而且斜率也增大。这就是说,当 $x$ 增加时,曲线不但逐渐升高,并且变得越来越陡。给出 $x$ 的一个任意值,曲线在这个 $x$ 值的高度通过计算 $x^2$ 给出,但是要算出在这个 $x$ 值的**斜率**,你对 $x$ 要做些什么呢?

想法是这样的。注意在 $x$ 右边并与 $x$ 有一小段距离 $h$ 的另一点。见图4.3,曲线上 $P$ 点的高度是 $x^2$,而 $Q$ 点的高度是 $(x+h)^2$。当你从 $P$ 走到

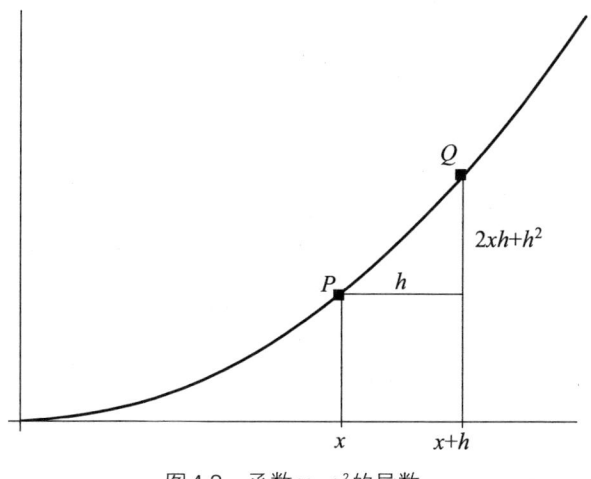

图4.3 函数 $y = x^2$ 的导数。

$Q$时,曲线向上弯曲。但是如果$h$十分小(如图所示),曲线与那条从$P$连到$Q$的直线之间的差别也很小。于是,曲线在$P$点的斜率将与这条直线的斜率在数值上十分接近。

采取这一步骤的要点在于计算一条直线的斜率是很容易的:你只要将高度的增量除以水平方向上的增量即可。在这个例子中,高度的增量是

$$(x+h)^2 - x^2$$

而水平方向上的增量是$h$,因此从$P$连到$Q$的直线的斜率是

$$\frac{(x+h)^2 - x^2}{h}$$

用一下初等代数,这个分式中的分子可以简化为

$$(x+h)^2 - x^2 = x^2 + 2xh + h^2 - x^2 = 2xh + h^2$$

于是直线$PQ$的斜率就是

$$\frac{2xh + h^2}{h}$$

在这个分式中约去$h$,得到

$$2x + h$$

这是表示从$P$到$Q$的直线的斜率的一个式子。但是曲线$y = x^2$在点$P$的斜率又如何呢?这才是我们一开始要计算的东西。在这里,牛顿和莱布尼茨都走出了令人钦佩的决定性步骤。他们这样论述道:用一种动态来代替静态,并考虑当把分隔$P$和$Q$这两点的距离$h$沿$x$方向弄得越来越小时将发生什么情况。

当$h$变得越来越小时,$Q$点越来越靠近$P$点,而对于$h$的每个值,式子$2x + h$对直线$PQ$的斜率给出了相应的值。例如,如果你取$x = 5$,并让$h$顺次取值0.1,0.01,0.001,0.0001等等,那么相应的$PQ$斜率就是10.1,10.01,10.001,10.0001等等。我们立即可以看出一个明显的数值模式:$PQ$的斜率看来趋近于值10.0。(用数学家的行话来说,当$h$的值越

来越小时,10.0看起来就是$PQ$斜率的序列的"极限值"。)

但是通过观察图像,并画出这个过程的几何图形,我们也可以得出另一个模式,一个几何模式:当$h$变得越来越小从而$Q$点向$P$点靠拢时,直线$PQ$的斜率与曲线在$P$点的斜率的差别也越来越小。$PQ$斜率的极限值将正好是曲线在$P$点的斜率。

例如,对于点$x = 5$,曲线在$P$点的斜率将是10.0。更一般地,对于一个任意的点$x$,曲线在$P$点的斜率将是$2x$。这就是说,在$x$处,曲线的斜率由式子$2x$给出($2x$是表达式$2x + h$当$h$接近于0时的极限值)。

莱布尼茨在描述这个方法时,用符号$dx$代替我们的$h$,用$dy$表示$P$、$Q$两点间的高度差。他把斜率函数记为$\dfrac{dy}{dx}$,这个符号显然提示这是两个小增量之比。(符号$dx$通常读作"d、x",$dy$读作"d、y",而$\dfrac{dy}{dx}$读作"d、y、比、d、x",或者就读作"d、y、d、x"。)

不论用什么符号,重要的是一开始要有一个联系两个量的函数关系:

$$y = 某个包含x的式子$$

在现代的专业术语中,我们说$y$是**$x$的一个函数**,并用$y = f(x)$或$y = g(x)$这样的符号表示。

撇开符号,牛顿与莱布尼茨都走出的关键一步是:将关注点从在一特殊点$P$的斜率这一本质上静止的状态转移到用从$P$点引出的直线的斜率来连续逼近曲线斜率这一动态过程。正是通过观察在这个逼近过程中的数值模式和几何模式,牛顿和莱布尼茨才能够得出正确的答案。

而且,他们的方法对大量的函数都能适用,不仅仅是上面考虑的这个简单例子。例如,如果你从函数$x^3$入手,你就得到斜率函数$3x^2$。更一般地,如果你从函数$x^n$(其中$n$是任意自然数)入手,那么斜率函数算出来就是$nx^{n-1}$。由此,你就有了另一个很容易辨识的(或许你多少有点不熟悉的)模式,即对于$n$的任意值把$x^n$转换成$nx^{n-1}$的模式。这就是微分的模式。

应该强调,牛顿和莱布尼茨的做法与设$h$的值等于0完全不是一回事。不错,在上面这个非常简单的例子中,函数是$x^2$,如果你在表示斜率的式子$2x+h$中就取$h=0$,你就得$2x$,这正是正确的答案。但这是因为这个例子很简单。而在几何图像中,如果$h=0$,那$Q$与$P$就是同一个点,这样就不存在直线$PQ$。(记住,虽然在化简PQ斜率的表达式时约去了因数$h$,但这个斜率还是$2xh+h^2$和$h$这两个量的比,如果你令$h=0$,那么这个比就化为0除以0,这是没有意义的。)

事实上,虽然牛顿和莱布尼茨得到了正确的答案,但是数学家却花了200年来对为什么这种方法会有效作出圆满解释。为此,他们必须研究出一个关于逼近过程的严格的数学理论——这是牛顿和莱布尼茨都没能做到的事。直到1821年,柯西才研究出关于(一个变化着的量的)"极限"的关键思想,还要再过几年,魏尔斯特拉斯才提出了关于极限概念的一个正式定义。从那时起,微积分才建筑在一个可靠的基础上。

从关于一条曲线的式子到关于这条曲线斜率的一个式子的过程称为**微分**。(这个名称反映了在$x$方向和$y$方向上取微小分量并计算所得直线之斜率的思想。)斜率函数称为原来函数的**导数**(从原来函数"导出"的函数)。

对于我们已经考察过的例子来说,函数$2x$是函数$x^2$的导数。同样,函数$x^3$的导数是$3x^2$,而一般地,函数$x^n$的导数是$nx^{n-1}$,其中$n$是自然数。这里也显示出了数学中经常产生的那种对称:$\sin x$的导数原来是$\cos x$,于是$\cos x$给出了$\sin x$在任何点的斜率。差不多同样令人愉快的是,$\cos x$的导数是$-\sin x$,只是那个负号打破了完美的对称。更为美妙的是,$e^x$的导数就是它自己——$e^x$,这意味着$e^x$本身就给出了它在任意点的斜率。这是唯一有这样性质的函数。$\ln x$的导数是$\frac{1}{x}$。

牛顿和莱布尼茨这个发明的威力在于,由于研究出一种**演算法**,即对复杂的函数进行微分的一系列规则,可微分函数的数量变得极其庞大。这种演算的发明也使得微积分方法在各种各样的应用中取得了立竿见影的巨大成功,尽管它所根据的推理方法在当时没有被人们完全理解。人们知道怎样做,虽然他们不知道为什么这样做会有效。(在如今的微积分教学中,许多学生也有一种类似的体验。)

### 将微积分带入维数更高的空间

到目前为止,我所描述的微积分适用于一元函数,即单取一个变量$x$并产生一个$y$值的函数。这样的函数可以用一个二维的图像在几何上表示出来,一般是一条曲线。但可以使这个思想适用于更一般的情况。特别是,可以将微积分的适用范围扩展到二元函数,$z=f(x,y)$,这里的几何表示是一个曲面($z$是这个曲面在$xy$平面上点$(x,y)$上方的高度)(见图1.3),或者扩展到三元或更多元的函数。

对于三元函数,比方说$v=f(x,y,z)$,不存在简单的几何图像,但是我们熟悉的许多物理现象取这种形式。例如,$(x,y,z)$可以是正在飞行的直升机的坐标,而$v=g(x,y,z)$可以是直升机经过纬度为$x$、经度为$y$、海拔高度为$z$的位置时的速度。或者,$w=T(x,y,z)$可以是地球大气层中纬度为$x$、经度为$y$、海拔高度为$z$的点的温度。

在二元函数的情况中,在一个点上没有单一的变化率。它依赖于你朝哪个方向行进。举例来说,假设你在登山途中,如果你继续向着山顶前进,你行进路线的斜率将是一个正数,或许还是个较大的数。但是如果你决定停止攀登,只是在你目前的海拔高度上绕山而行,你行进路线的斜率是零。换言之,你所在点的斜率依赖于从这点出发你希望朝哪个方向行进。同样,对于三元或更多元的函数来说,在任意点的斜率依赖于行进的方向。例如,一架直升机的飞行速度可以是垂直速度为零,前进速度很大,还有一点向着右侧的速度。

人们发现,要分析二维或更高维的运动,你不需要计算所有可能方向上的变化率(即斜率)。只要知道坐标轴方向上的变化率就足够了——对于函数 $z = f(x, y)$ 来说,就是 $x$ 方向上和 $y$ 方向上的变化率,而对于函数 $v = g(x, y, z)$ 来说,就是 $x$ 方向上、$y$ 方向上和 $z$ 方向上的变化率。

例如——我们马上就要直接用到这个例子——假设你要描述被一种流体所携带的一粒灰尘的运动。这一颗粒的运动可能十分复杂,因为它先是被推向一个方向,然后是另一个方向,有时是标准的直线运动,有时被流体带着打转。在每个时刻 $t$,我们可以通过给出这颗粒的三个坐标 $x$、$y$、$z$(对某个固定坐标系而言)来指明它的准确位置。我们同样可以通过描述它在三个坐标方向上分别是如何运动的——例如,计算出 $x$ 方向上的位置变化率、$y$ 方向上的位置变化率和 $z$ 方向上的位置变化率——来指明它在时刻 $t$ 的运动状况。(当我们用微积分做这件事时,这些变化率分别被称为 $x$ 方向上、$y$ 方向上和 $z$ 方向上的"方向导数"。)*

这个通过描述在三个坐标方向上的运动来描述三维空间中的运动的思想,形成了欧拉应用微积分来研究流体运动的基础,在这方面,后来纳维和斯托克斯做了细致的工作。这里介绍大致的思想。

为简单起见,让我们从二元函数 $z = f(x, y)$ 的情况开始。计算坐标

* 这一说法虽不错,但容易造成误解。这里所说的其实就是下面即将介绍的偏导数,而方向导数是指函数在任一给定方向上的变化率。可见偏导数只是一种特殊的方向导数。由于方向导数可以表示为偏导数的线性组合,所以"只要知道坐标轴方向上的变化率(即偏导数)就足够了"。——译者

轴方向上变化率的方法是：在有关的几何图形（在函数 $z = f(x,y)$ 的情况中是一个曲面）上取适当的截面，然后在这截面上应用一元微积分的标准方法。

为了表明微分是在一个特定方向上进行的，数学家用了一种稍经改动的符号。对于只有一个自变量 $x$ 的函数 $y = f(x)$，$y$ 在点 $x$ 处的变化率记为 $\dfrac{\mathrm{d}y}{\mathrm{d}x}$。对于有两个自变量 $x$、$y$ 的函数 $z = f(x,y)$，$z$ 在 $x$ 轴方向上的变化率记为 $\dfrac{\partial z}{\partial x}$，而在 $y$ 轴方向上的变化率记为 $\dfrac{\partial z}{\partial y}$。$\dfrac{\partial z}{\partial x}$ 这个量（或式子）称作 $z$ 关于 $x$ 的**偏导数**，而 $\dfrac{\partial z}{\partial y}$ 称作 $z$ 关于 $y$ 的**偏导数**。因此，$\dfrac{\partial z}{\partial x}$ 就是当你在曲面上朝着平行于 $x$ 轴的方向运动时所遇到的斜率，$\dfrac{\partial z}{\partial y}$ 就是你朝着平行于 $y$ 轴的方向运动时所遇到的斜率。

例如，对于函数

$$z = x^2 - 3xy - y^5$$

我们得到

$$\frac{\partial z}{\partial x} = 2x - 3y \quad \text{和} \quad \frac{\partial z}{\partial y} = -3x - 5y^4$$

类似地，对于函数 $v = f(x,y,z)$，$v$ 在任意点 $(x,y,z)$ 的运动状况或变化状况可以用 $\dfrac{\partial v}{\partial x}$、$\dfrac{\partial v}{\partial y}$、$\dfrac{\partial v}{\partial z}$ 这三个偏导数确定，它们分别是这个函数（的值）在三个坐标轴方向上的变化率。当然，在这种情况中，函数没有让人觉得舒服的几何直观形象。

所有这些，在牛顿和莱布尼茨发明微积分之后的年月里由许多数学家研究了出来。这时，丹尼尔·伯努利登场了。

## 从小球和行星到流体的运动

丹尼尔·伯努利出生于18世纪瑞士的一个大家庭,这个家庭出了一些才华横溢的数学家。丹尼尔的父亲约翰·伯努利(Johann Bernoulli)是巴塞尔大学的数学教授。他们父子两人都深受微积分方法的影响,并且在发展这一新技术中有所贡献。当时,微积分被用于研究像行星那样的固体对象的连续运动(这是按牛顿的设想),或连续几何图形的连续变化着的斜率(这是在莱布尼茨的框架下)。丹尼尔·伯努利试图将这种方法应用于流体的连续运动(对于一名科学家来说,流体就是指液体或气体)。从表面判断,这是个非常不同的问题。

对于牛顿和莱布尼茨来说,所分析的连续运动是孤立的、离散的物体(对牛顿来说是一颗行星或一个粒子,对莱布尼茨来说是描绘出一个图形或一个曲面的点)的连续运动。然而,在流体的情况下,不仅运动,而且物质本身也是连续的。怎样来处理这个问题的主意显然已经有了。正如常规的微积分把连续的运动看作由在时间上无限接近的无穷小离散跳跃所组成的一样,伯努利把连续的流体看作由无限紧靠在一起的无穷小离散区域(或"液滴")所组成,其中每一个区域(在原则上)可以用牛顿和莱布尼茨的方法处理。

考虑这个问题的另一种方式是,以位于流体中任一特定点的一粒灰尘,即一个"无穷小点"为对象,以写出描述其路径的方程为目的。这就需要把握两类无穷小。

其一,每一个无穷小颗粒的运动被看作一系列"定格",这就是研究单个对象的连续运动时所用的标准微积分方法。在这里,运动被看作将一系列静止状态按时间排列而形成的序列。

其二,在一个颗粒所取的路径与另一个与之无限靠近的颗粒所循的路径之间,存在着无穷小的几何变化。

棘手的问题是要同时把握这两类无穷小——对于每个颗粒的运动而言的时间无穷小,和对于流体而言的几何无穷小。这耗去了伯努利成年时代的大部分时光,但他做到了。1738年,在他的《流体力学》(*Hydrodynamics*)一书中,他公布了自己的结果。其中关键的思想是把解取为所谓的**向量场**。我不想令人厌烦地详细讨论数学家是怎样正式定义向量场的。直观地说,它是一个含有三个自变量$x$、$y$、$z$的函数,它告诉你流体在其中任意一点$(x,y,z)$的流动速度和方向。

伯努利在他书中建立的许多结论当中有一个方程,这个方程表明,当流体流过一个表面时,这流体作用于表面的压强随着流动速度的增大而减小。为什么这个结论值得一提呢? 因为伯努利方程奠定了现代航空理论的基础(这个结果我们现在才知道)。简而言之,伯努利方程解释了为什么飞机能在空中飞行。[1]

在伯努利工作的基础上,欧拉建立了描述无摩擦流体在已知力作用下运动状况的方程组,但他没能解出这些方程。纳维和斯托克斯后来改进了欧拉的方程组,使之适用于黏性流体(即考虑流体摩擦力)。他们得到的方程被称为纳维-斯托克斯方程。

虽然这些方程可以在无限薄平面膜流体这一假想的二维情况下解出,但人们却不知道在三维的情况下(这是更为现实的情况)是否有解。请注意问题并不在于: 我们知道这个解是什么样的吗? 问题要比这更为基本。我们甚至不知道有没有解!

让我们从欧拉的那个关于流体运动的方程组说起。这个方程组描述的是一种(假设的)在各个方向上无限延伸的无摩擦流体的流动情况。

我们假设流体中的每一点$P = (x,y,z)$受到一个随时间变化的力。我们可以这样来指明在时刻$t$作用在$P$点上的力: 给出它在三个坐标方向上的值$fx(x,y,z,t)$、$fy(x,y,z,t)$、$fz(x,y,z,t)$。(要赢得克莱大奖,只要对没有外界作用力的情况——$fx$、$fy$、$fz$在所有时刻和所有位置上都为零的情况——解决这个问题就足够了。但是在历史上,这个问题都是按我所示的方式陈述的。)

设$p(x,y,z,t)$为时刻$t$流体在$P$点的压强。

时刻$t$流体在$P$点的运动可以通过给出它在三个坐标轴方向上的速度来描述。令$u_x(x,y,z,t)$是流体在$P$点沿$x$轴方向的速度,$u_y(x,y,z,t)$是流体在$P$点沿$y$轴方向的速度,$u_z(x,y,z,t)$是沿$z$轴方向的速度。

我们假设这流体是不可压缩的,也就是说,当一个力作用于它时,它可以朝某个方向流动,但是它不能被压缩,也不会膨胀。这一性质由如下方程表达:

$$\frac{\partial u_x}{\partial x} + \frac{\partial u_y}{\partial y} + \frac{\partial u_z}{\partial z} = 0 \qquad (1)$$

这个问题假设我们知道这流体在开始时,即当$t=0$时的运动状况。也就是说,我们已知$u_x(x,y,z,0)$、$u_y(x,y,z,0)$和$u_z(x,y,z,0)$(作为$x$、$y$、$z$的函数)。而且,这些初始函数假设是良态的(well-behaved)函数。(这句话的确切意思很专业,但是我们并不需要有一个定义才能对这个问题有一个概括的了解。不过,对这个条件的精确表达与纳维-斯托克斯问题作为千年难题的陈述有关。所以,想解决这个问题的人还是需要知道其准确的陈述。)

对流体中每一点$P$应用牛顿定律

**力 = 质量 × 加速度**

欧拉得到了下列方程,把它们与上述不可压缩性方程(1)联立起来,便描述了流体的运动:

$$\frac{\partial u_x}{\partial t} + u_x\frac{\partial u_x}{\partial x} + u_y\frac{\partial u_x}{\partial y} + u_z\frac{\partial u_x}{\partial z} = f_x(x,y,z,t) - \frac{\partial p}{\partial x} \qquad (2)$$

$$\frac{\partial u_y}{\partial t} + u_x \frac{\partial u_y}{\partial x} + u_y \frac{\partial u_y}{\partial y} + u_z \frac{\partial u_y}{\partial z} = f_y(x,y,z,t) - \frac{\partial p}{\partial y} \qquad (3)$$

$$\frac{\partial u_z}{\partial t} + u_x \frac{\partial u_z}{\partial x} + u_y \frac{\partial u_z}{\partial y} + u_z \frac{\partial u_z}{\partial z} = f_z(x,y,z,t) - \frac{\partial p}{\partial z} \qquad (4)$$

方程(1)到(4)就是关于流体运动的欧拉方程。为了适用于黏性流体,纳维–斯托克斯引入了一个正的常数$v$——**黏度**,它是流体内部摩擦力的量度,并在方程(2)、(3)和(4)的右边加了一个额外的力——黏力。

加在方程(2)右边的项是

$$v\left( \frac{\partial^2 u_x}{\partial x^2} + \frac{\partial^2 u_x}{\partial y^2} + \frac{\partial^2 u_x}{\partial z^2} \right)$$

加在方程(3)和(4)右边的项完全类似(分别用$u_y$和$u_z$替代$u_x$)。

在这里,符号$\frac{\partial^2 u_x}{\partial x^2}$表示**二阶偏导数**,它是通过首先对$u_x$求关于$x$的微分,然后对所得结果再求关于$x$的微分而得到的,即

$$\frac{\partial^2 u_x}{\partial x^2} = \frac{\partial}{\partial x}\left( \frac{\partial u_x}{\partial x} \right)$$

在$y$和$z$的情况中,其定义类似。

除非你是个微积分高手,上述式子很可能看上去十分吓人。老实说,数学家也觉得自己有点儿不堪重负。问题在于当我们试图用流体在$x$、$y$、$z$方向上的运动来把握流体在任何点的运动时,我们自己没有必要地把事情弄复杂了。你可以看到,方程(2)、(3)和(4)之间的差异相对很小,我们添加的三个额外的黏度项完全是基于同一个主题的变化形式,一个坐标轴方向一个。

在19世纪,数学家发明了一种符号和一种方法,以用一种简单的风格来处理有方向的运动。其思想是引入一类新的量,称为**向量**。一个数只有大小,而一个向量则既有大小又有方向。当你将微积分扩展到用向量和向量函数来取代数量和数量函数时,"向量微积分"就是你

得到的方法。使用向量,数学家可以把纳维-斯托克斯方程写得更为紧凑:

$$\frac{\partial \boldsymbol{u}}{\partial t} + (\boldsymbol{u} \cdot \nabla)\boldsymbol{u} = \boldsymbol{f} - \operatorname{grad} p + v\Delta \boldsymbol{u} \ \operatorname{div} \boldsymbol{u} = 0$$

这里,$\boldsymbol{f}$ 和 $\boldsymbol{u}$ 是向量函数,符号或项 $\nabla$、$\Delta$、grad 和 div 表示向量微积分的运算。(如果你想在这方面知道得更多,可参看本章末尾所列参考文献中的一种。[*])

在求解纳维-斯托克斯方程方面的进展实在太小,这使得克莱促进会决定设立 100 万美元的奖金,征求对这个问题的任一变化形式的解答。其中最简单的形式(虽然并不一定是最容易解决的)是说,假设你令作用力函数 fx、fy 和 fz 都为零,在这种情况下你能不能求出函数 $p(x, y, z, t)$、$u_x(x,y,z,t)$、$u_y(x,y,z,t)$ 和 $u_z(x,y,z,t)$,它们满足方程(1)到(4)的修订版本(即包括黏度项 $v > 0$ 的版本),并且足够"良态",使得它们看上去能与物理现实相符合?

我要提一下,黏度为零的类似问题(即欧拉方程)也没有解决,但这个变化形式不属于千年难题。

如果把纳维-斯托克斯问题约简到二维的情况(使所有 $z$ 项等于零),这个方程可以解出。这是一个老结论了,但是它对在三维情况下会发生什么没有提供任何线索。

完整的三维问题也可以用一种受到高度限制的方式解出。已知各种初始条件,总能找到一个正数 $T$,使得这方程对 $0 \leqslant t \leqslant T$ 的所有时间可解。一般来说,数 $T$ 实在太小了,所以这个解答在现实生活中并不是特别有用。数 $T$ 被称作这个特定系统的"爆裂"(blowup)时间。

---

[*] 事实上,原书在本章末尾没有列出任何参考文献。但有关的材料并不难找。——译者

## 纳维-斯托克斯问题会不会解决

会不会有什么人因为解出了纳维-斯托克斯方程而获得那100万美元的奖金呢？通过将这个挑战性问题选为一个千年难题，克莱促进会已经将数学的聚光灯照射到数学的一个可以回溯到200多年前的分支上：关于流体的微积分学。想到数学家试图解出这些方程经历了那么长的时间，很难拒绝这样的想法：它们可能根本就是不可解的。至少，看来很可能的是，要解出它们将需要一些真正的新技巧。这些方程看上去与一本典型的学生课本上的题目十分相似，但是它们毫无疑问要比那种题目难得多。

## 第五章

# 关于光滑行为的数学：
# 庞加莱猜想

　　提出我们现在这第五道千年难题的庞加莱，于1854年出生于法国的南锡。从最低限度说，庞加莱的家庭也是一个出了一些名人的家庭。庞加莱的父亲莱昂·庞加莱(Léon Poincaré)是一位医学教授。庞加莱的一位堂弟雷蒙·庞加莱(Raymond Poincaré)几度出任法国总理，并于第一次世界大战期间任法兰西共和国总统。至于庞加莱本人，则是有史以来世界上最伟大最有创见的数学家和物理学家之一。他差一点抢在爱因斯坦之前发现狭义相对论，尽管离获得这一荣誉不是差一点点。不过他仍然彪炳史册，因为他几乎是单枪匹马地创建了现代数学的一个极其重要的分支——代数拓扑学。对此我马上就会有进一步的介绍。庞加莱知识广泛，成就斐然，其研究涵盖了数学的好几个分支，以及天体力学、现代物理学甚至心理学，因此他被称为世上最后一位伟大的科学全才。

　　与黎曼(他那基于概念的数学思想为庞加莱所接受)相同的是，庞加莱小时体弱多病。他患有近视，肌肉协调功能差，并一度患过严重的白喉。然而，不相同的是，黎曼在某种程度上是个问题学生，而且从来不能流利地使用母语，而庞加莱除了艺术与体育之外，各科成绩优异。

甚至在小学时,他就在写作方面崭露头角,这使他长大后成了世界闻名的科学阐释者。他的普及性科学著作有《科学与假设》(*Science and Hypothesis*,1901年)、《科学的价值》(*The Value of Science*,1905年)和《科学与方法》(*Science and Method*,1908年)。

1862年至1873年,庞加莱就读于南锡的公立中学。这所中学现在改名为亨利·庞加莱公立中学,以表示对他的崇敬。在那里他获得了好几次全国性优秀学生奖。高中毕业后他就读于著名的巴黎综合工科学校。在那里,他的老师们说他显示出一种惊人的记忆力,不仅仅是因为他牢牢记住了学习内容,而且是因为他能在一个较深的层次上理解所学的内容。他擅长于把新学的概念联系起来,而且常常是以一种直观的方式。

庞加莱对直觉思维的偏爱是他一生中许多数学研究工作的特征。(某些历史学家推测这是由于他的近视。他经常看不清老师在黑板上写的东西,结果他不得不在脑中创造自己的图形,因此增强了他的直觉能力。)在庞加莱的职业生涯中,他很像黎曼,喜欢从基本原理出发,开展自己的研究工作,而不是把研究建立在其他人的成果甚至自己先前的工作之上。

1875年从综合工科学校毕业后,庞加莱进入了高等矿业学校(Ecole des Mines),此后便到沃苏勒做了一名矿业工程师。尽管他对矿业的各个方面都有兴趣,而且他终身保持了这种兴趣,但在那时他察觉到自己主要的爱好是数学。在沃苏勒工作期间,他在巴黎大学的埃尔米特(Charles Hermite)的指导下写了一篇关于微分方程的博士论文。1879年获得博士学位后,他在卡昂大学谋得一个教师职位,但仅仅过了两年,他就被巴黎大学聘用——他那数学家的惊人天赋绰绰有余地弥补了他那据说没有激情和缺乏条理的讲课风格。1886年,他在巴黎大学被任命为数学物理和概率论的教授,同时,他还在综合工科学校兼职，直至1912年逝世，终年58岁。

除了作为一位权威数学家——现今大多数数学家认为他是有史以来最伟大的天才之一——庞加莱也是今日所谓"科学普及"方面的一位超级作家。他还对数学思维的本性有着一种浓厚的兴趣。1908年在巴黎的心理学综合研究所（Institut Général Psychologique），他在反省自己思想过程的基础上，作了关于数学创造性的著名演讲，题目为"数学的发明"（Mathematical Invention）。他还与巴黎高级研究学校心理学实验室主任图卢兹（Edouard Toulouse）合作，把自己的情况作为后者对才华杰出者工作习惯的研究的一部分。1910年，图卢兹用一本书发表了他对数学家的研究结果，这本书就叫《亨利·庞加莱》。

据图卢兹说，庞加莱遵守着一张严格的作息表。他每天早上10点到正午进行数学研究，然后下午5点到7点再次进行。晚上他可能阅读一篇他希望了解的杂志文章，但除此之外，他晚上不做任何严肃的工作。他认为一个受过数学训练的大脑在睡眠期间会下意识地研究数学问题，所以他竭尽所能地确保夜间休息不受干扰。

图卢兹还告诉我们，在庞加莱研究一个问题的过程中，根本不可能分散他的注意力，但如果他研究到某一点不知如何继续下去，他就会停下来，做一些其他的事——他确信他的潜意识会继续琢磨这个问题。

庞加莱自己写道："我们通过逻辑去证明，我们通过直觉去创造。"[1]他尤其不赞同希尔伯特的观点：数学推理能被公理化并（在原则上）被"机械化"。这是一个庞加莱认为不可能成功的计划。（正如我们在第三章中所见，后来哥德尔证明他是对的。）

## 最后的全才

庞加莱的研究兴趣涵盖了数学、物理学和科学哲学的众多领域，他是唯一被选入法兰西科学院所有五个部门（几何学、机械学、物理学、地理学和航海学）的人。他还在1906年担任了这个科学院的院长。他那广博的知识和看出似乎非常不同的领域之间的联系的能力，使得他从许多不同的、经常是新颖的角度去攻克问题。他在物理学方面的工作包括了对光学、电学、电报学、弹性理论、热力学、位势理论、天体力学、宇宙学、流体力学、量子理论和狭义相对论的重大贡献。

他对数学的第一个重大贡献是他只有20多岁时作出的，他创立了今日称作自守函数的概念和理论，这是一类从复数到复数的特殊函数。（见第一章关于函数和复数的讨论。）这些函数产生于庞加莱年轻时奋力研究过的一类特殊问题。后来，他在《科学与方法》中描述道，在对这个问题奋力研究了一段时间而未获成功后，有一天他并没有在有意识地思考数学，而是正踏上一辆公共汽车，这时，关键的思想突然降临，使得他定义出了这类新函数。

在他随后的生涯中，庞加莱对涉及复数的函数作了进一步的研究，人们普遍把他誉为多复变解析函数这一极其重要的理论的创建者。在他一生的不同阶段中，他还用他的天赋研究了数论和几何学。

但是庞加莱在称为拓扑学的数学分支中的工作，对我们来说是在这儿特别感兴趣的。正是在拓扑学中，产生了第五道千年难题：庞加莱猜想。虽然拓扑学的源头要追溯到19世纪中叶高斯和其他一些数学家的工作，但它事实上只是在1895年才认真地开始的，当时庞加莱出版了他的著作《位置分析》（*Analysis situs*）。就在这单单一本书中，庞加莱引进了驱动这门学科在接下来的50年中不断前进的几乎所有的概念和主要方法。

拓扑学是一种"超几何"，它脱胎于普通的几何和微积分，数学家在其中研究曲面和其他数学对象的非常一般的性质。庞加莱的主要贡献之一是发明了应用代数技巧来促进这种研究的方法。庞加莱猜想的产生纯属偶然,它是庞加莱就在他开始研究这种新几何时犯的一个错误(但他很快意识到了)所导致的结果。在拓扑学中人们的许多兴趣集中在三维或更高维的数学对象上,庞加莱的错误是以为某个关于二维物体很显然的事实对于三维或更高维的类似对象也会成立。

要了解这个错误,要知道庞加莱猜想说的是什么,恐怕最好是先简要地讨论一下二维拓扑学,然后看看当你试图升到更高维时会有什么情况。

二维拓扑学有时被很有联想性地称为"橡皮膜几何学"。

## 橡皮膜几何学

任何到过伦敦的人——以及许多没到过伦敦的人——都会认得图5.1所示的地图。这是伦敦地铁的标准地图,你可以发现这张地图在伦敦地铁系统到处张贴,而且装饰在作为纪念品的T恤、咖啡杯和早餐盘上。它是由贝克(Henry Beck)在1931年设计的,当时贝克29岁,是一

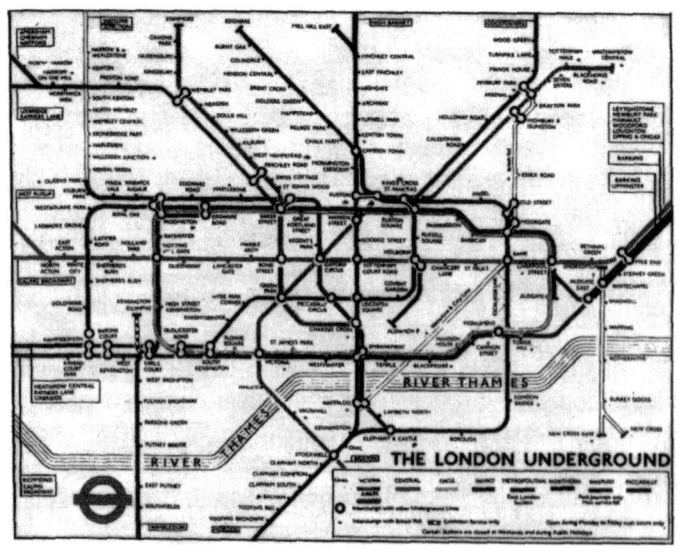

图5.1　拓扑学的应用:人们熟悉的伦敦地铁地图。

名为伦敦地铁系统工作的临时制图员。这张地图被普遍认为是人们所画的最好地图之一，人们几次试图对它进行改进，都没有成功。不管怎么说，这张地图设法把使用上的方便性与遍布外表的一种美结合在了一起，使得它既成为当今伦敦的一个易于辨识的标志，也成为全世界地铁地图的楷模。

然而，有多少使用这张地图的人意识到它表明了拓扑学的巨大威力？它之所以能做到这一点，是因为除了两个方面之外，这张地图在每一个方面都是完全不准确的。它没有按比例制作，结果距离都是错误的。更有甚者，那些画得整整齐齐的表示列车线路的直线与实际的地铁线路相去甚远。沿着实际的线路，地铁列车在伦敦的街道下面左转右拐，随时要把站立的乘客甩倒在地板上。正是因为图中显示的是一段南北走向的直线，所以它并不表示实际的路线也是这样——实际的路线甚至会差不多是东西走向的。这张地图做得正确的两件事情之一是：如果一个车站被地图标在泰晤士河的北岸，那么这个车站确实是在泰晤士河的北岸；如果一个车站被标在南岸，那么它确实是在南岸。这张地图的另一个准确方面是它对这个地铁网络的描绘样式：各条路线上车站的排列次序和两条线路交叉的地点（车站），这些都是准确的。

这个资料其实是一名地铁乘客从这张地图中只需要得知的信息——什么地方上车，什么地方下车，什么地方换线。这张地铁地图之所以有用，是因为它对乘客在使用这个地铁系统时所需要知道的一件事描绘得准确无误，而牺牲了其他所有的细节，以得到一个清晰而迷人的设计。

图5.2所示的是一家超市的制冷设备电路图。同样，它没有告诉你每根电线应该多少长，也没有告诉这些电线应该布在何处；它只不过显示了各个元件应该怎样连接在一起——这个电路网络的布局。同样，这张电路图之所以有效，是因为它准确地描绘了工程师为安装这个设

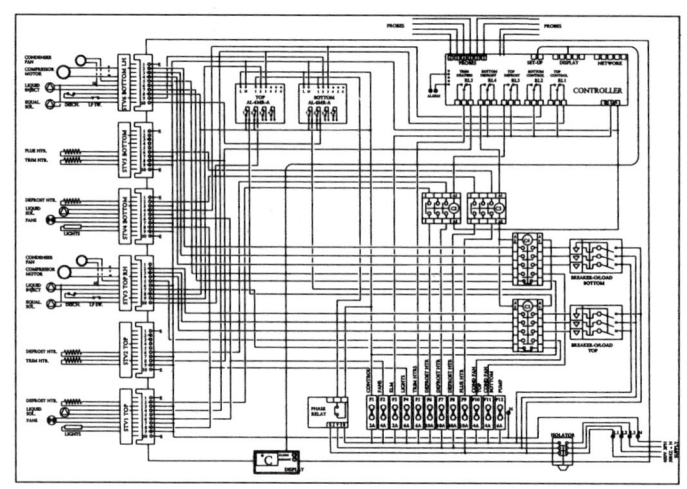

图5.2　拓扑学的应用：一家超市的制冷设备电路图，它显示了各个元件应如何通过电线连接在一起，但是没有规定这些元件的准确位置，也没有规定电线的长度和它们所取的路线。[承凯利(R. T. Carey)绘制]

备所需要知道的那些信息，而牺牲了其他所有的细节，以得到一张简洁的图。

这两个例子都说明了二维拓扑学的本质。如果把那张地铁地图印在一张具有极好弹性的橡皮膜上，它就可以被拉伸和压缩得使每个细节都正确，从而形成一张标准的、地理上准确的地图，它是按比例的，其中每条线路的走向都按照罗盘所测定的方位。这样的拉伸不会影响这些线路把各个车站连接起来的样式。用数学术语说，原因在于这个网络结构（定义为由不同直线连接的点的集合）的布局是一个**拓扑**性质。简单地说，网络是拓扑对象。你可以扭曲和拉伸一个网络中的任何连线，而不会改变其总体布局。要改变这个网络，你必须断开一条连线或增加一条新的连线。

对伦敦地铁地图成立的事情对任何网络都成立。例如，对电路图、电路本身、计算机芯片、电话网络和互联网都成立。这就是为什么当今世界上"橡皮膜几何学"是最重要的数学分支之一。在地铁地图的情况中,只要它在**拓扑**上是准确的,制图上是不是准确没有关系,可以不去管它。类似地,对于电路或计算机芯片的设计,重要的是网络的布局。如果布局在**拓扑**上是准确的,那么电线的准确位置可随意改动,以满足其他的设计要求。在计算机芯片的设计中也是如此,关键是蚀刻在硅片上的电路必须在拓扑上是准确的。

一般说来,二维拓扑学(橡皮膜几何学)是研究图形的这样一种性质:把这图形画在一张(假想的)具有极好弹性的橡皮膜上,然后扭曲和拉伸这张膜,这种性质仍然保持不变。我们即将看到,网络的布局正是不被这种操作所影响的几种性质之一。事实上,虽然地图总是重要的,虽然关于网络的数学在当今世界上是重要的,但并不是这些应用激发了拓扑学的最初研究。其实,拓扑学的发展不是由任何应用数学领域的需要驱动的。相反,它来自纯粹数学的内部,来自想理解微积分为什么有效而进行的奋斗。

## 理解数学魔术

将近19世纪末的时候,数学家开始十分仔细地审视作为他们这一学科之基础的各个假设——它们有时是外显的,但更经常是内隐的。这样做的动力很大程度上来自想理解微积分怎么会有效而进行的奋斗。从牛顿和莱布尼茨在17世纪中叶发明微积分的那一刻开始,数学家就广泛地使用了它,且卓有成效。简单地说,微积分很有效。但是,没人真正理解为什么会有效。这是一种魔术。

微积分怎么会有效的数学解释,终于在一大批数学家长达300年的前仆后继的努力下得到了。为了得到这个解释,他们不得不对实数和无穷过程(如在第一章中的无穷和与无穷乘积)的本性,以及数学推理本身进行了详细的分析。

　　与进行更详细分析的欲望一起发生的是抽象性的迅速增长——在很大程度上前者是被后者激发的。正如我们在第一章中所看到的,在19世纪中期,数学在某种程度上经历了一场革命。自那时以来,这个学科已变得越来越抽象了。[2]在数学的大部分历史中,它所处理的对象和模式来自我们的日常经验。算术处理的是数,虽然严格地说数是抽象的,但它是我们生活内容的一部分。甚至实数,尽管它们处理起来较难,但也是来自关于一条连续直线的直观而简单的概念。几何学处理的是我们每天看到的各种形状的理想化形式。概率论考察随机事件,对任何掷过硬币、玩过纸牌或骰子的人来说都很熟悉。虽然代数的符号和方程对非数学专业的人来说看上去可能很抽象,但在18世纪后期之前,这些代数符号通常表示数,所以这种抽象的外表本质上是一种语言错觉。

　　另一方面,19世纪出现了大量的新类型对象和模式,它们肯定不属于日常经验的任何一部分——或更准确地说,它们不被认为是这样。(既然它们大多数来自对现有数学的精心分析,那么按理说它们是日常生活的一部分,不过是一个隐蔽的骨架式部分。)在最近150年间数学家研究的新对象和新模式中,有其中平行线要相交的几何学(称为"非欧几何")、四维和更高维的几何学、无穷维几何学、用符号代表图形对称性的代数(称为"群论")、用符号代表逻辑思维的代数("命题逻辑"),以及用符号代表二维或三维空间中运动的代数("向量代数")。

　　在这种新抽象性的迅速扩增中,也包括着拓扑学的发明。人们的想法是发明一种"几何学",来研究图形的不会被连续变形所破坏的性质,因此这种几何学不依赖于直线、圆、立方体这些概念,也不依赖于长度、面积、体积、角度这些度量。在拓扑学中研究的对象称为拓扑空间(正如几何学可以被说成是研究几何空间的——如高中几何中我们熟悉的二维欧几里得空间)。

拓扑学与想理解微积分怎么会有效而进行的奋斗之间的联系十分微妙。在本质上,这两者都依赖于能把握无穷小。我们在第四章中看到了在微积分的情况下为什么是这样。但是拓扑变换与无穷小会有什么关系?回答是到处都有。其实,拓扑变换提供了真正开始把握无穷小的关键。这关键就是:从直观上说,拓扑变换的本质是,两个在变换前"无限靠近"的点,在变换后仍然保持"无限靠近"。(过一会我将解释为什么在刚才的句子中用了这些引号。)特别是把一张橡皮膜无论怎样拉伸、压缩或扭曲,都不会破坏这种靠近性。一开始相互靠近的两个点在操作完成后还是保持靠近。

在这里你必须小心点。这里所说的靠近性概念是相对于拓扑空间中所有其他点而言的。我们可以拉伸这张膜,使得两个起初紧靠在一起的点在我们看来不再紧靠在一起。但是在这种情况下,"靠近性"的变化是一个我们从外部施加的几何变化。从橡皮膜的角度看,这两个点仍然是紧靠在一起的。破坏靠近性的唯一方法是割破或撕开这张膜——这是一种在拓扑学中被禁止的操作。

为了使拓扑学取得进展,数学家必须找到一种方式来把握相对靠近这一关键思想。为此,他们着手寻找一种能阐明两点"无限靠近"这一假设性概念的方式。直观上说,拓扑变换具有这样的性质:如果两个点一开始是无限靠近在一起的,那么在进行了这种变换之后它们仍将如此。这种方法的问题在于"无限靠近"这个概念不是一个定义良好(well-defined)的概念。[3]然而,通过这种方式来考虑拓扑变换,他们找到了一种能给拓扑变换下一个精确定义的方式。(说明这个定义是什么将扯得太远。)这时,他们就能把原初的分析可以说倒了过来,用拓扑变换的概念(现在已被恰当地定义并被很好地理解)以一种精确的方式来分析他们开始时采用的"无限靠近"这个直观概念。通过这种方式,他们在一种严格的意义上发展了微积分,避免了"无限靠近"这个有问题的概念,而以拓扑学作为一个根本的基础。

这就是庞加莱和其他数学家创立拓扑学的主要原因。

第一次遇到拓扑学的人心中会产生一个显然的问题:关于拓扑空间,是不是可以说一些有趣的东西呢?毕竟,一旦你开始抛弃诸如线的笔直性或面的平坦性这些重要的特性,就不能保证你最终将得到什么有现实价值的东西。拓扑空间不仅没有直线,它们也根本没有固定形状的概念,更没有任何类型的距离。你所能说的只是什么时候两点相互靠近。这对于将微积分置于一坚实的基础之上可能是很好的,但它又能让你在拓扑学里走多远呢?

### 你没有想到的还有很多

伦敦地铁地图的例子表明拓扑学并不是一门完全空洞的学科。然而,令人惊异的是,它原来是当代数学中最丰富多彩、最有魅力和最重要的分支之一,在数学、物理学和其他领域中有着许多应用。这里只提一个重要的应用:拓扑学是超弦理论的数学基础,而超弦理论是物理学家关于宇宙本性的最新理论。

让我们看一看拓扑学家研究的东西。为简单起见,我只限于二维的情况(橡皮膜几何学),并问一问普通高中几何中有什么性质可以转移到拓扑学中。因为拉伸和扭曲橡皮膜将把直线变成曲线,并改变距离和角度,所以这些我们熟悉的几何概念没有一个在拓扑学中有意义。那么还有些什么呢?

我们仍然有线,前提是我们不要求它们是直线或圆周,或者具有什么特殊的形状。还有什么?闭圈——将线段首尾相连而形成的图形——怎么样?如果你在一个具有极好弹性的橡皮膜上画一个圈,那么不论你如何拉伸、压缩和扭曲这张橡皮膜,这个圈仍然是一个圈。

还有什么呢？

为回答这个问题，我给你看看世界上第一个可被无可非议地称为拓扑学定理的数学成果。它归功于瑞士大数学家欧拉，我们曾在第一章遇到过他，他是ζ函数的发明人。1735年，他解决了一个长期悬而未决的难题——柯尼斯堡桥问题。

位于东普鲁士普雷格尔河畔的柯尼斯堡——现今被称为加里宁格勒，在俄罗斯境内——有两个小岛，它们由一座桥连接在一起。其中一个岛与两岸各有一座桥相连，另一个岛与两岸各有两座桥相连。图5.3给出了这个城市及其小岛和桥梁的一幅简略地图。

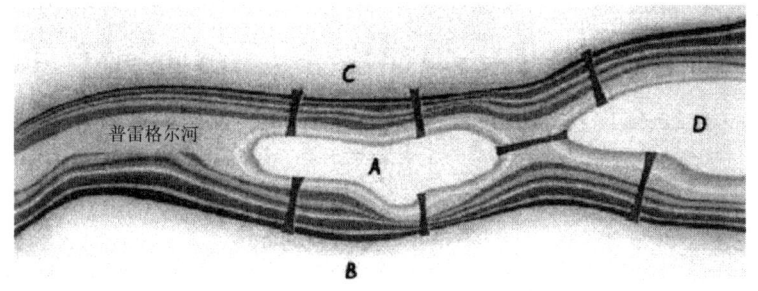

图5.3　柯尼斯堡——现今的俄罗斯城市加里宁格勒——的一幅简
　　略地图，图中显示了七座桥，这七座桥导致了于1735年被欧拉最终
　　解决的那个问题。

每个星期天，柯尼斯堡的许多市民习惯与家人一起来此散步，非常自然，他们常常要走过好几座桥。于是有了一个经常讨论的问题：是不是有一条路线，正好每座桥只走过一次？

欧拉意识到岛和桥的准确位置是无关紧要的，从而解决了这个问题。重要的是这些桥的连接方式，也就是说，由桥形成的网络。换句话说，这个问题是一个拓扑学问题，而不是几何学问题。如果把岛与桥的网络画得更简单些，如图5.4所示，那么这个问题保持不变。这幅简化了的示意图显示那里只有4个点（通常称为这个网络的"结点"或"顶点"），由7条线（通常称为这个网络的"边"）相连。

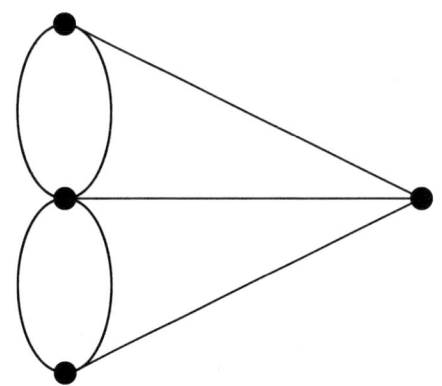

图5.4　柯尼斯堡桥的网络。网络的结点（点）
代表陆地；边（线）代表桥。

于是欧拉论证如下。取任何一个网络，假设你有一条行进路线，正
好每条边只走过一次。任何一个结点，只要不是这条路线的起点或终
点，必定有偶数条边在此相交，这是因为这些边可以按一条路进一条路
出的方式配成对。但是在这个由桥组成的网络中，那4个顶点都是有
奇数条边在那里相交。因此不可能有这样的路线。结论是，经过柯尼
斯堡的每座桥正好一次的路线是不存在的。

这个对柯尼斯堡桥问题的解答是欧拉在拓扑学中的第一个著名定
理——其实是世界上第一个拓扑学定理——但这不是他最后一个也不
是他最重要的定理。这样的赞扬几乎肯定属于他发现的一条关于网络
的著名拓扑学定理。欧拉证明了对于画在平面上的任何一个网络，如
果 $V$ 是顶点（结点）的总数，$E$ 是边（或连线）的总数，$F$ 是"面"（由3条或
更多条边围成的封闭区域）的总数，则下面这个简单的公式成立：

$$V - E + F = 1$$

例如，欧拉本人的那个关于柯尼斯堡桥的网络，有 $V = 4$，$E = 7$，以
及 $F = 4$，于是

$$V - E + F = 4 - 7 + 4 = 1$$

至于另一个例子，请看图5.5中那个简单的网络。对这个网络，$V =$

$7, E = 10, F = 4$，于是

$$V - E + F = 7 - 10 + 4 = 1$$

值得注意的是，表达式 $V - E + F$ 对于每一个已画出的和每一个可能画出的网络结果都是1。对这个事实，欧拉给出了一个十分简洁的证明。其总的思路是，从一个任意的网络开始，逐步消去边和端结点（即只与一条边相连的结点）。移去一条不与端结点相连的边，那么 $E$ 和 $F$ 都减少1，$V$ 保持不变，所以 $V - E + F$ 的值保持不变。如果你移去一个端结点，那么你也就移去了与它相连的那条边。移去与端结点相连的边并不改变 $F$，但是 $V$ 和 $E$ 都减少1，于是 $V - E + F$ 再次保持不变。当你留下的只是一个结点时，这个过程就终止了。对于这个平凡的网络，$V = 1, E = 0, F = 0$，因此 $V - E + F = 1$。但是 $V - E + F$ 的值在整个消去过程中都保持不变。因此对于我们开始时的网络来说，当初 $V - E + F$ 的值必定是1。

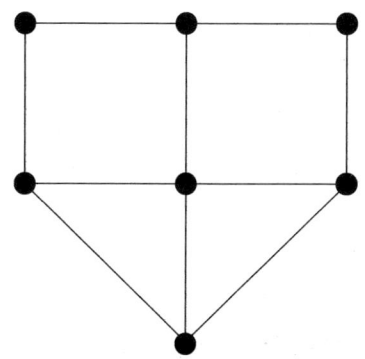

图5.5　欧拉网络公式的证明。对这个网络，$V = 7, E = 10$，$F = 4$。于是 $V - E + F = 1$。

虽然欧拉解决了第一批拓扑学难题中的一个，并证明了第一批拓扑学定理中的一个，但是直到19世纪后期，拓扑学才真正起步。因为在这时，庞加莱登场了。

### 透过表面

这里是到目前为止的故事。在拓扑学中,我们研究图形和对象在一种连续变形下保持不变的性质。所谓连续,我们是指这个变形不涉及任何切割、撕裂或黏贴。(除此之外,数学家通常还把产生或消灭任何尖点或折叠的操作排除在外。在我对拓扑学的简要介绍中,将采用这种更为严格的概念。)

例如,在拓扑学中,一个橄榄球与一个足球是一回事,它们都与网球是一回事,因为这三种球的任何一种都可以通过连续变形而变成其他两种的任何一种。对此的另一种说法是,在拓扑学中只存在一种"球"。平时我们识别出来的各类球之间的差别,都与大小和形状有关。但这些都不是拓扑性质。

有一句老俏皮话,说拓扑学家是不能说出咖啡杯和炸面圈之间差别的人(见图5.6)。设想有一个用柔软的造型黏土做成的炸面圈。你可以通过揉捏黏土把这炸面圈变成一只咖啡杯(带一个柄的)。炸面圈的环形就做成杯柄,而你把大多数黏土沿着这个环形推到一起,你就能

图5.6　面包圈和咖啡杯在拓扑上是相同的。可以把其中的一个连续地变换成另一个。摘自:Devlin, *The Language of Mathematics*, W. H. Freeman, 图6.13, 239页。

形成杯体。这件事用真正的黏土基本上不可能做得很好,但是用数学家想象的具有极好可塑性的黏土,这件事做起来很顺当。

顺便说一下,为了逃避不断谈论炸面圈而导致的诱惑,数学家——他们的伏案工作方式使他们容易超重,而他们对咖啡的嗜好使得已故匈牙利数学家埃尔德什(Paul Erdös)俏皮地说,"数学家是把咖啡变成定理的一种机器"——把我们熟悉的炸面圈环形称作环面。

你很可能会想到,在一个把咖啡杯与炸面圈看作一回事的领域中,拓扑学的许多早期研究就是寻找各种方式来说明两个形状什么时候在拓扑上是不同的,庞加莱就是这种探求的一个领军人物。

例如,虽然任意两个球都是拓扑相同的,任意两个环面(圆形状、椭圆形状或其他什么形状)也是拓扑相同的,但任何球面与任何环面是拓扑不同的。从直观上看,这好像是显然的。毕竟,你好像根本没有办法对一个球面进行连续变换而得到一个环面。问题就在于那个无关紧要的词"好像"。你怎么知道肯定没有办法做到这一点?仅仅是因为你尝试了一个小时左右而没有找到适当的操作步骤?但这并不意味着不存在这样的办法。例如,在图5.7所示的分环智力题中,你能不能找到一种方法把图形(a)连续地变换成图形(b)?明显的方法是把两个相互扣住的环中的一个割断,如(c)所示,使这两个环分开,然后把割断的环黏合成原样。但是这件事不用把环割断也能做到。答案或许令人意外,但就是能做到。努力想一想怎样做成这件事,这应该让你相信寻找各种完全可靠的方式来证明两个对象拓扑相同或拓扑不同,确实是一个重要的任务。(为避免被向我索要答案的来信淹死,我已在本章末尾给出了正确的操作步骤。)

再说一下,仅凭没能找到一个把一个对象变成另一个对象的连续变形,是不能确证这两个对象拓扑不同的。这里需要的是找到两个对象中一个具有而另一个不具有的某种拓扑性质,即经过连续变形仍保

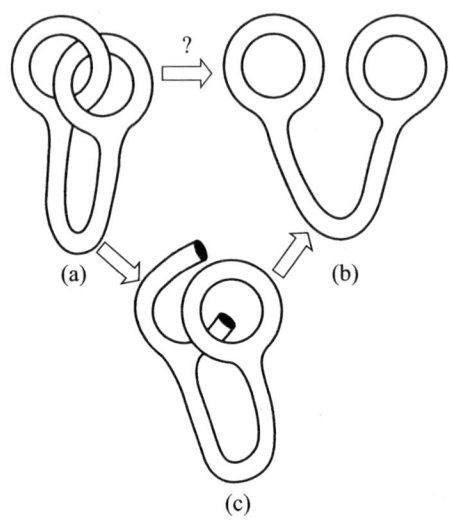

图5.7　分环智力题。设想(a)中的对象是用一种具有极好弹性的材料制成的。你能不能对它进行变换,使得两个环像(b)所示的那样不再相扣? 明显的方法是把其中的一个环割断,如(c)所示,使这两个环分开,然后把断端重新连接起来。如果这两个断端连接得同先前一模一样,那么这是一种从(a)到(b)的可允许拓扑操作。然而,不用把环割断也能实现这个变换。你知道怎样做吗? 答案在本章末尾。摘自：Devlin, *Mathematics：The New Golden Age*, Columbia University Press,图48,226页。

持不变的性质。

　　我们已经遇到过一个这样的性质。正如我们在前面看到的,对于任何网络,$V-E+F$这个量的值就是一个拓扑性质。这个量对任何网络都相同。况且,对画着网络的面进行连续变形不会改变这个网络的连接方式,因此也不会改变$V$、$E$和$F$的值。对于我们考虑过的那种情况,即网络可画在平面上的情况,$V-E+F$的值算出来是1。(既然这是在平面上的值,那么可以推断,对于画在任何一张纸上的网络,不论怎样扭曲和翻转这张纸,都是这个值。)如果你考虑画在球面上的网络(要覆盖整个球面,而不是覆盖球面的一部分),则$V-E+F=2$。对于画在环面上的网络(同样要求覆盖整个环面),则$V-E+F=0$。于是,我们可以绝对有把握地断言，二维平面、球面和环面是拓扑不同的。对于画在双环面（形状如数字8）上的网络，$V - E + F = -2$，所以我们还知道双环面与平面、球面、环面是拓扑不同的。

当然，对于这四种特殊的曲面，确实很显然没有一种能被连续地变换成其他三种中的任一种。但是正如我们的分环智力题所表明的，只要你从球面和环面再稍稍往前走一点点，事情就远不那么明显了。

对于画在一个特定曲面上的任意网络，表达式 $V - E + F$ 的值是数学家所谓的曲面拓扑不变量的一个例子。这里的意思是，如果我们对这个曲面进行拓扑变换（即连续变形），这个值将保持不变。为了纪念首先证明对于画在平面上的任何网络来说这个量不变的人，人们把 $V - E + F$ 的值称为曲面的欧拉示性数。拓扑学家已发现了许多可用来确定两个特定曲面是否拓扑等价的拓扑不变量，欧拉示性数是其中之一。

另一个拓扑不变量是一个曲面的色数。它起源于一个关于地图着色的经典问题。1852年，一个名叫格思里（Francis Guthrie）的英国年轻数学家提出了下面似乎无足轻重的问题：为了能在任何一张地图上给各个区域着色，你至少需要多少种颜色？唯一的约定是任何两个共有一条公共边界的区域必须被着上不同的颜色。（如果两个区域仅在一点相互接触，那么这个点不能被看作公共边界。）很容易画出需要四种不同颜色的地图，然而是不是存在需要五种颜色的地图？答案是否定的，但是花了100多年时间才证明了这一点，而且当一个证明终于在1976年产生时，它涉及的不仅有巧妙的数学推理，而且有计算机的重大应用。事实上，四色定理（它已变得人所共知）是第一个被认为要使用计算机才能得到的重大数学成果。

四色定理显然是一个拓扑学结果，因为对画有地图的纸进行连续变形，不会改变共有边界的模式。在变形前共有一条公共边界的两个区域，在变形后仍然如此，反之亦然。于是，地图在变形前的一个合乎约定的着色方案在变形后依然是合乎约定的。

四色定理,以及它所回答的那个原始问题,都是针对画在平面上的地图的。但是你可以对画在任何曲面上的地图提出同样的问题。一个曲面的色数是要对画在这个曲面上的任何地图都能进行着色所至少需要的颜色种数。根据四色定理,平面的色数是4。球面的色数也是4。(四色定理的证明对画在平面上或球面上的地图都适用。)环面的色数是7。

## 偏袒一方

另一个拓扑不变量起源于"有侧性"(sidedness)的概念———一个曲面有一个侧面还是有两个侧面。初听起来,这似乎很愚蠢。那还用说,任何曲面都是有两个侧面,难道不是吗?回答是否定的。很容易构造一个只有一个侧面的曲面。拿一条狭长的薄纸带,比方说1英寸(约2.5厘米)宽,1英尺(约0.3米)长,把它扭转半周,然后把两端(即两条短边)黏合在一起,形成一个扭曲的纸圈,如图5.8所示。这个扭曲的纸圈就是仅有一个侧面的曲面。你可以取一支铅笔,在这个纸圈的中间顺着这个圈画一条线来验证这一点。你将发现这条线绕了两圈又回到了起点。要知道,一条线从这个曲面的一侧走到另一侧不翻过这曲面的一

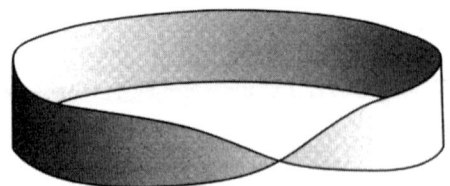

图5.8 默比乌斯带,一种只有一个侧面、一条边的曲面。取一条纸带或一条录音带,把它扭转半周,再把两端连在一起,就可形成一个默比乌斯带。摘自:Devlin, *Mathematics: The New Golden Age*, Columbia University Press, 图50(b), 228页。

条边是不可能的,这就证明了这个扭曲的纸圈仅有一个侧面。它叫做默比乌斯(Möbius)带,这个名字取自发现它的一位德国数学家。

除了仅有一个侧面外,默比乌斯带也只有一条边。你可以通过用铅笔在这个纸圈的边上涂色来验证这一点。如果你在一个普通纸圈(即圆柱形纸圈)的边上涂色,那么将有一条边不会被涂上颜色。但是如果你对默比乌斯带这样做,你将发现根本没有不被涂色的边。这条单一的边到处都被涂上了色。

默比乌斯带这个例子提示我们,有侧性是与有边性紧紧联系在一起的。通常,数学家关注没有边的曲面——他们称之为闭曲面。理由部分在于边不是曲面的真正部分。而且,更为有趣的拓扑性质都与曲面的内部结构——曲面是怎样扭曲和翻转的——有关。事实上,对每个有一条边或多条边的曲面,一般存在一个几乎具有相同性质的闭曲面。例如,一个球面和一个有限平面(如平坦的桌面)就性质相似,当我们证明了一个关于球面的拓扑结果,通常立即就有了关于平面的一个结果,反之亦然。(从直观上说,这是因为我们可以取一张完全可拉伸的平纸,然后把它的边缘收拢,形成一个封闭的袋子——在拓扑学上这就是一个球面。)

与默比乌斯带相对应的闭曲面叫做克莱因瓶,这个名字取自它的德国发现者克莱因。克莱因瓶没有边缘,而且既没有内部也没有外部。(或者换一种说法,它的内部与外部是一回事。)从理论上说,你可以取两个默比乌斯带,沿着它们那条单一的边把它们黏合在一起,就形成了一个克莱因瓶。我说“从理论上说”,是因为你不可能在普通的三维空间中进行这样的黏合。克莱因瓶(作为数学一个对象)仅存在于四维空间。在我们的三维世界中,你最好是允许这个曲面穿过它自身,在这种情况下,你会得到如图5.9所示的对象。

许多数学家,包括我自己在内,会在办公室里放上这样一个玻璃制

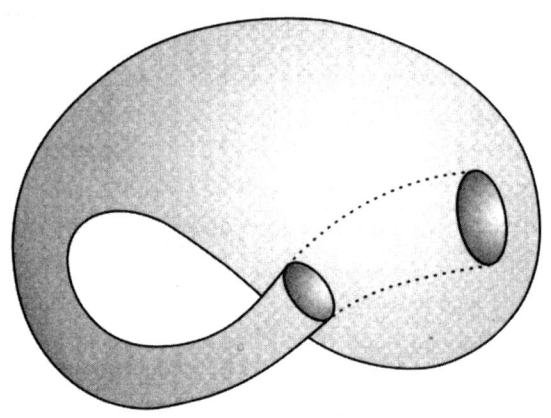

图5.9　对一个克莱因瓶的艺术处理。这是一个闭曲面,它并不把周围的空间划分成内部和外部。在三维空间中,只有允许克莱因瓶穿过它自身,才能把这种曲面构造出来。在四维空间中,则不用自相交就能把它构造出来。摘自:Devlin, *Mathematics: The New Golden Age*, Columbia University Press,图44,184页。

的自相交克莱因瓶作为装饰品。在四维空间中,这个瓶子没有必要穿过它自身。对于普通人来说,一个仅存在于四维空间的对象当然不是真实存在的,但是这种微不足道的异议不会把数学家吓住。毕竟,每个人都"知道"负数没有平方根,但这并没有阻止数学家创立了复数,并进一步在实际应用中使用它们。数学的许多巨大威力来自于这样的事实:我们可以用它来研究超出我们这些三维世界中生物通常之构想的对象。

例如,我们可以研究画在克莱因瓶上的网络的性质。当我们这样做时,我们发现克莱因瓶的欧拉示性数(即表达式 $V - E + F$ 的值)是0,与环面相同。啊哈!这是不是意味着克莱因瓶与环面是拓扑等价的?不。欧拉示性数不能区分克莱因瓶与环面,但是色数能。克莱因瓶的色数是6,环面是7。

克莱因瓶的与其表面之单侧性相对应的拓扑性质是一个称为不可

定向性的奇特概念。它是指在克莱因瓶的表面上你不能区分左手性与右手性或顺时针旋转与逆时针旋转。如果你在克莱因瓶的表面上画一只小小的左手,然后把这个图形沿着这表面滑动到足够远(足够远的意思是,如果这个克莱因瓶在三维空间中,那么这只手要完全通过自相交的瓶颈),于是当它返回起点的时候,你会发现它不可思议地变成了一只右手。这个实验在默比乌斯带上做更为容易。在这个曲面上画一只小小的左手,然后在其临近复制出这个图形,重复这个过程,直至回到你的起点。这时你会发现这只左手变成了右手。或者,在克莱因瓶的表面上或默比乌斯带上画一个小圆圈,用一个箭头表示顺时针旋转,如果你沿着曲面滑动或复制这个图形,直至你返回起点,这时你会发现这箭头指向逆时针方向了。见图5.10。

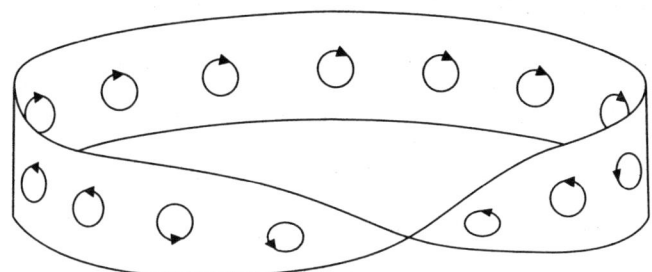

图5.10 默比乌斯带的不可定向性。当推着箭头在这纸圈上绕了一整圈时,它的指向就改变了。摘自:Devlin, *Mathematics: The New Golden Age*, Columbia University Press, 图52, 230页。

不能通过沿曲面滑动把左手变成右手或把顺时针变为逆时针的曲面被称为是可定向的。例如,球面(或平面)是可定向的,环面和双环面也是如此。一个能够做到上述改变的曲面,比方说克莱因瓶或默比乌斯带,被称为是不可定向的。可定向性(或不可定向性)是一种拓扑不变量。

### 梦寐以求：分类

拓扑学最初的成果之一是证明了只要有欧拉示性数和可定向性这两个拓扑不变量,你就能区分任何两个闭曲面。这就是说,如果两个闭曲面有相同的欧拉示性数,而且都是可定向的或都是不可定向的,那么它们事实上是一回事——即使你无论如何都弄不明白怎样把一个曲面通过连续变形而变成另一个。这个结果称为曲面分类定理,因为它说只要用这两个特征你就能把所有的曲面分类(在拓扑学意义上)。

粗略地说,曲面分类定理的证明是通过把球面取为基本曲面并估量任一给定曲面与球面的差异程度——为把球面转变成那个曲面而不得不对球面所做的事——而作出的。这与我们通常的直觉相一致:球面是最简单、最基本、(有人可能会说是)最完美的闭曲面。

我应该指出,在这种情况下,为把球面转变成某种另外的曲面而对球面实行的操作超出了连续变形这个常规的拓扑操作。确实,如果你通过扭转、弯曲、拉伸和压缩来改变球面,结果得到的对象在拓扑学意义上仍然是一个球面。要弄清楚曲面怎样从球面构造出来以对曲面进行分类,就必须在通常的扭转、拉伸等之外,还允许进行切割和缝合。拓扑学家称这个过程为"割补术"。这个术语是合适的,因为一个典型的割补术包括从球面上割下一片或数片,对这些片进行扭曲、翻转、拉伸或压缩,然后把这些片重新缝到球面上。

分类定理告诉我们,任何可定向曲面与一个表面上缝合了一定数量"环柄"的球面拓扑等价。你可以通过在球面上切割出两个洞,再用一根管子把它们连起来而得到一个环柄,如图5.11左边所示。任何不可定向曲面与缝合了一定数量"交叉套"的球面等价。你可以在球面上切割一个洞,再把一个默比乌斯带缝在这个洞的边缘上而得到一个交

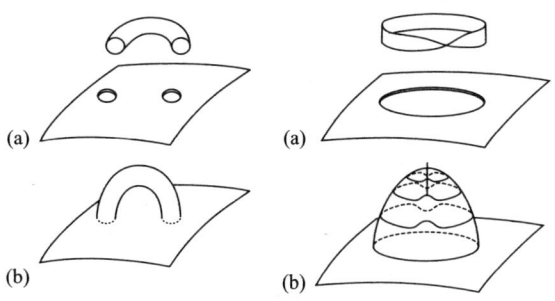

图5.11 环柄和交叉套。要在一个曲面上建立一个环柄(左图),就在这个曲面上切割出两个小洞,再用一根圆柱形管子把它们连起来。要建立一个交叉套(右图),就切割出一个洞,把一条默比乌斯带缝在这个洞的边缘上。因为默比乌斯带只有一条边,这件事在概念上是可以做到的。然而,在三维空间中,只有允许默比乌斯带可以自相交,这件事才能做成。拓扑学的一条基本定理(即曲面分类定理)说,任何光滑闭曲面与带有一定数量环柄或交叉套的球面拓扑等价。摘自: Devlin, *Mathematics: The New Golden Age*, Columbia University Press, 图59, 249页和图60, 250页。

叉套,如图5.11右边所示。与克莱因瓶的情况一样,在普通的三维空间中,你不让默比乌斯带穿过自身是不能做成这件事的;你需要有四维空间才能合宜地做成它。

20世纪早期,庞加莱和其他数学家着手对曲面的高维类似物——他们称为"流形"——进行分类。不出所料,他们尝试的方法类似于那种对二维曲面已经有效的方法。他们取一个球面的三维类似物(称为"三维球面")作为基础,并估量任一三维流形与这三维球面(简称3-流形)的差异程度,以设法对所有三维流形进行分类。

在这里我们必须小心。一个常规的曲面,如球面或环面,是一个二维对象。这个曲面所包围的部分当然是三维的,但这曲面本身是二维的。除了平面之外,任何曲面只能在三维或更高维的空间中构造。于是,任何闭曲面都需要三维或更高维的空间。例如,构造一个球面或一个环面就要取一个三维空间,构造一个克莱因瓶就要取一个四维空间。然而,一个球面、一个环面或一个克莱因瓶都是二维对象——一个没有厚度的曲面,在原则上可以用一张平坦的具有极好弹性的薄片做成。

但是正如球面可以视作圆(它是一种一维对象——曲线,处在二维空间中)的二维类似物(处在三维空间中),我们同样可以设想球面的三维类似物(处在四维空间中)。当然,实际上我们设想不出。但是我们能写出确定这样一个对象的方程,并且在数学上研究"它"。其实,物理学家通常就是研究这种设想出来的对象,并运用这些结果帮助理解我们所在的宇宙。3-流形,即曲面的三维类似物(存在于四维或更高维的空间中),有时被称为超曲面,而球面的三维类似物则被称为超球面。

没有任何数学上的理由止步于三维。你可以写出确定三维、四维、五维、六维或任何维的流形的方程。这些考虑再一次证明自己完全不是无聊的猜测。物理学家目前研究的关于物质的数学理论把我们所在的宇宙看作有11维。根据这些理论,我们直接觉察到的是这些维中的3个维。而其他的维则作为各种不同的物理特性——如电磁辐射和把原子结合在一起的力——把自己表现出来。

庞加莱试图通过取各个维的"球面"作为一种基本图形,然后应用割补术,来对三维和更高维的流形进行分类。在这种尝试中,第一步自然是寻找一种简单的拓扑性质,它可以告诉你什么时候一个给定的(超)曲面与(超)球面拓扑等价。(记住,我们在这里做的是拓扑学。甚至在常规二维曲面这种简单的情况中,一个曲面可能表现得极其复杂,但结果仍然能通过连续变形变成一个球面。)

在二维曲面的情况中,存在这样的一个性质。假定你取一支铅笔,在一个球面上画出一个简单的闭圈。现在想象这个圈收缩得越来越小,收缩时保持在球面上滑动。这个圈可以收缩到多小是否有个限度呢? 显然没有。你可以把这个圈收缩得无法与点区别开来。从数学上说,你可以把它真的收缩成一个点。

如果你一开始是在一个环面上画出一个圈,那么不一定会发生同样的事情。你可以在环面上画出一个不能收缩成一点的圈。在环面上顺着这环形走一圈的圈不能无限地缩小,像腰带那样围绕着环面的圈也不行。

任意画在一个曲面上的圈能收缩到一点的性质是一种只有球面才具有的曲面拓扑性质。这就是说,如果你有一个曲面,它上面的每一个圈("每一个"在这里很重要)都能不离开这曲面而收缩成一点,那么这个曲面与球面拓扑等价。

对一个三维超球面,这一点同样成立吗? 这是庞加莱在20世纪初提出的问题,他希望一个迅速的肯定回答将成为踏上通向一个三维超曲面分类定理之路的第一步。他创立了一个系统的方法——称为同伦论——(用代数方法)来研究当一些圈在一个流形上移动和变形时这些圈会发生什么情况。

事实上,情况并非如此。起初,庞加莱**臆断**三维流形的圈收缩性质确实是三维球面的特征。然而,过了一段时间后,他意识到他的臆断可能不成立。1904年,他把他的疑问发表,(用法文)写道:"考虑一个没有边界的三维紧流形V,即使V与三维球面不同胚,V的基本群是不是也可以是平凡的?"剥去专业术语,庞加莱问的是:"一个具有圈收缩性质的三维流形是不是可能不与三维球面等价?"庞加莱猜想就此诞生。

接下来的情况是,他的问题没有得到迅速的回答。其实,也没有一个缓慢的回答,尽管许多主要的拓扑学家尽了最大的努力。结果,求得庞加莱猜想的一个证明(或否证)成了人们竞相追求的数学珍品之一。

经过很长一段时期,情况才有了进展。1960年,美国数学家斯梅尔(Stephen Smale)证明了对所有五维和五维以上的流形,庞加莱猜想是正确的。这样,如果一个五维或更高维的流形有这个性质,即画在它上面的任何闭圈可以收缩成一点,则这个流形与同维的超球面是拓扑等价的。

遗憾的是,斯梅尔使用的方法不能运用到三维或四维流形,因此原初的庞加莱猜想仍然未能解决。后来,在1981年,另一个美国人弗里德曼(Michael Freedman)发现了一种方法,证明了关于四维流形的庞加莱猜想。(弗里德曼的工作被证实对物理学家研究物质本性极其有用。)

问题还没有解决。庞加莱猜想已被证明对每一维都是正确的,除了三维——这正是庞加莱当初所提问题中的维数。斯梅尔和弗里德曼由于他们的成就,都获得了菲尔兹奖——一般认为这相当于数学界的诺贝尔奖。首先证明庞加莱猜想的这个唯一余留情况的人无疑将获得同样的荣誉。(假定这个人的年龄不超过获菲尔兹奖的上限年龄40岁。设立这个奖是为了激励年轻的数学家去解决这个学科中的重大问题。)然而,不管这位解决者的年龄是多少,他或她现在接受的不仅是整个数学界的赞扬,还有100万美元的千年大奖。

这位未来的解决者应该是去求得这个猜想的一个证明还是应该去寻找它的一个反例——一个具有圈收缩性质但不与三维球面拓扑等价的三维超曲面?毫不奇怪,在已知对于其他所有的维数这个猜想已获证明的情况下,赌注应该下在认为庞加莱猜想是正确的这一边。然而,这个证明很可能有数百页之长。最近一次有人自称得到了一个证明并被数学界认真对待的,大约是在20多年前。经过好几个月的严格审查,最终一致认为这个证明有个致命的错误。*

———————————

* 一般认为,庞加莱猜想现已被证明,俄罗斯数学家佩雷尔曼(Григорий Яковлевич Перельман)在最终证明庞加莱猜想的过程中作出了决定性的贡献(他因此获得了2006年的菲尔兹奖)。在佩雷尔曼的成果基础之上,来自美国、中国等国的多位数学家均对庞加莱猜想的最终完全证明作出了贡献。 ——译者

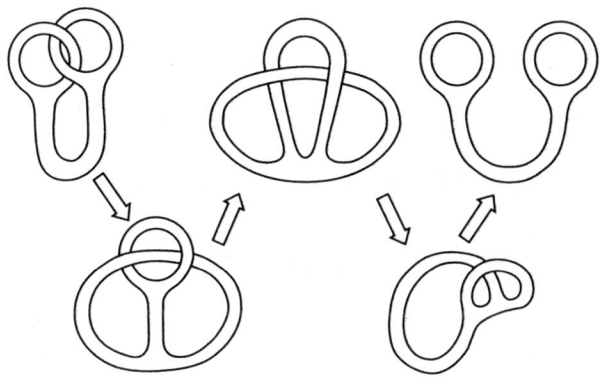

图5.12　图5.7分环智力题的解答。摘自：Devlin, *Mathe-matics: The New Golden Age*, Columbia University Press, 图62, 261页。

## 第六章

# 解不出方程也明白：
# 伯奇和斯温纳顿-戴尔猜想

20世纪60年代初，计算机还处于早期发展阶段，世界上只有很少的几台，主要放在几个重要的大学内。作为英国剑桥大学的教师，英国数学家伯奇（Brian Birch）和斯温纳顿–戴尔（Peter Swinnerton Dyer）有机会使用当时最强大的计算机之一"剑桥电子延迟存储自动计算机"（Cambridge EDSAC）。他们打算用这台计算机来试着收集关于某类多项式方程之可能解的数据。他们获得的数据——准确地说，他们识别出来的模式——最终使他们提出了一个大胆而有力的猜想。如果这个猜想是正确的，那么将对我们关于整数的理解产生重大的影响。如今他们这个猜想的头上顶着一笔100万美元的奖金。

伯奇和斯温纳顿–戴尔猜想涉及的数学对象称作椭圆曲线。它们与椭圆并不相同。（翻到图6.3和图6.4，你可以看到两种椭圆曲线。）"椭圆曲线"这个名称来自这样的事实：当你计算椭圆的弧长时会遇到它们（更准确地说，是遇到它们的方程）。

自20世纪50年代初以来，数学家已经很清楚，椭圆曲线是重要的基础性数学对象，它们与数学的许多领域，包括数论、几何学、密码学以及关于数据传输的数学都有联系。例如，我们知道怀尔斯于1994年证明了费马大定理,但他的证明是通过证明一个关于椭圆曲线的结果——准确地说,是通过确立椭圆曲线与数学的另一重要分支模形式理论之间的一种紧密联系——而得到的。(不要问这些东西是什么,它们不可能用简短的几句话来描述,至少这样做超出了我的能力。)伯奇和斯温纳顿-戴尔猜想的一个证明将在现代数学中到处产生影响。

虽然这个猜想本身被深埋在非常高级的数学之中,但我们可以从一些非常低等的起点——毕达哥拉斯定理和计算三角形面积的公式——出发向它逼近。

## 二分之一底乘以高

有一个可以回溯到古希腊的经典问题:给定一个正整数 $d$,是不是存在一个边长是有理数(即整数或分数)而面积正好是 $d$ 的直角三角形? 例如,在 $d = 6$ 的情况下,回答是肯定的。如图6.1所示,著名的毕达哥拉斯直角三角形其边长为3、4和5,它的面积

$$A = \frac{1}{2} \times 底 \times 高 = \frac{1}{2} \times 4 \times 3 = 6$$

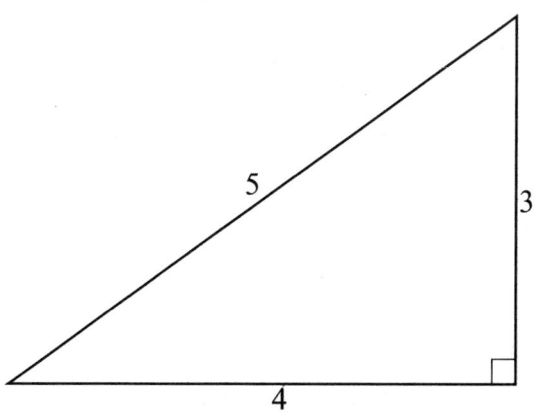

图6.1 一个边长为整数而面积为6的直角三角形。

在 $d=5$ 的情况下,不存在边长为整数而面积为5的直角三角形,但图6.2所示的那个边长为 $\frac{3}{2}$、$\frac{20}{3}$、$\frac{41}{6}$ 的直角三角形,其面积为5。

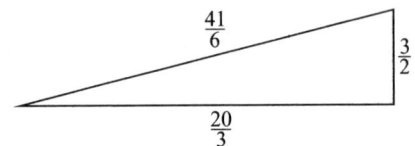

图6.2　一个边长为有理数而面积为5的直角三角形。

用一段非常直接的代数推理就可证明,存在一个边长为有理数而面积为d的直角三角形的充要条件是,方程

$$y^2 = x^3 - d^2 x$$

对 $x$ 和 $y$ 有 $y \neq 0$ 的有理数解。[1]

一般形式为

$$y^2 = x^3 + ax + b$$

(其中 $a$ 和 $b$ 是整数)的方程确定了所谓的椭圆曲线,即这样一个方程的图像是一条椭圆曲线。[2]

有一个很自然的问题要问:这里为什么没有包含 $x^2$ 的项?为什么我们不考虑形如 $y^2 = x^3 + ax^2 + bx + c$ 的方程?回答是,只要用一点非常简单的代数运算,你就能把这样一个方程转换成其中没有 $x^2$ 项的方程。于是,研究椭圆曲线,你只要考察那些形如 $y^2 = x^3 + ax + b$ 的方程即可。

初看之下,有些椭圆曲线可能有点奇怪。如果你试着画出方程

$$y^2 = x^3 + ax + b$$

的图像,那么,每当 $x^3 + ax + b$ 为负,你就不能得到y的值。(更准确地说,$y$ 将是一个虚数。)结果是,椭圆曲线常常被分为两个独立的部分,如图6.3所示。(只有一个部分的椭圆曲线请看图6.4。一条椭圆曲线是一个部分还是两个部分,取决于方程右边的三次表达式有一个实根还是三个实根。)

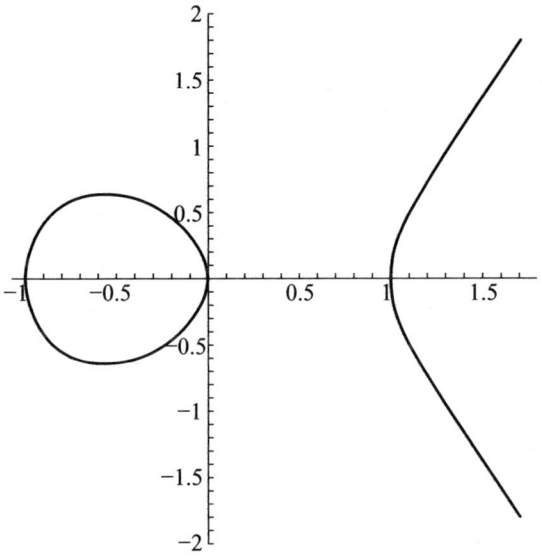

图6.3　椭圆曲线 $y^2 = x^3 - x$。虽然它分成了两个独立的部分，但它仍然是一条由一个方程所确定的曲线。

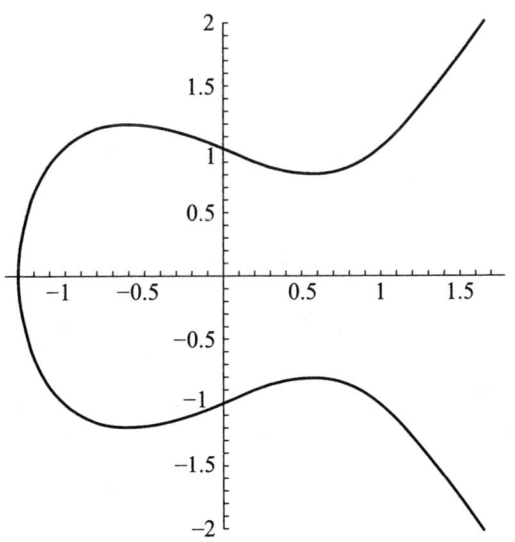

图6.4　椭圆曲线 $y^2 = x^3 - x + 1$。一条椭圆曲线没有被分成两部分的一个例子。

三角形面积方程 $y^2 = x^3 - d^2x$（其中 $d$ 是整数）的情况怎样呢？我们已经指出，当且仅当 $d$ 是一个边长为有理数的直角三角形的面积时，这个方程对 $x$ 和 $y$ 有有理数解。这个方程的判别式 $\Delta = -16[4(-d^2)^3] = 64d^6$，它不等于零，所以这个方程的图像是一条椭圆曲线（在判别式中令 $a = -d^2$ 和 $b = 0$）。*于是，求出哪些整数 $d$ 可以成为边长为有理数的直角三角形的面积这个古希腊问题，等价于在某种椭圆曲线上寻找有理点（即坐标是有理数的点）的问题。这就是伯奇和斯温纳顿–戴尔打算研究的问题。

这两位研究者处理这个任务的思路是：设法找出某种对椭圆曲线上有理点的个数进行"计数"的方法。当然，因为他们面对的可能是无穷集，所以对"计数"这个词必须作某种比喻性的理解。

对一个可能是无穷的集合进行计数的一种有时会有效的方法是，进行一系列有限的次级计数（subcount）。这就是伯奇和斯温纳顿–戴尔采用的方法。要描述他们的方法，我们不得不先暂时离开一下，去谈谈有限算术。

## 用时钟计数：有限算术

我们都熟悉这样一种情况，在这种情况下我们对无穷无尽（因此是潜无穷）的集合进行了计数：即我们对分钟进行计数时的情况。不存在最后的一分钟（让我们取乐观态度）——时间永远延续下去。然而我们对分钟的计数仅仅用了 60 个数，从 0 到 59。当然，我们的做法是不断地重新开始计数。当我们到达 59 分钟时，我们重新从 0 开始。对此的另一种说法是我们把 60 看成好像是 0。数学家会说我们以 60 为**模**对分

---

\* 请参见本章注释 2。——译者

钟计数。(60是这种计数的模。)类似地,我们以12(或24)为模对小时计数。

对于任意正整数N,我们可以进行以N为模的计数。我们进行这个计数所使用的数是$0, 1, 2, \cdots, N-1$。在$N-1$之后,我们重新从0开始。

于是我们可以做以N为模的算术。为了说明怎样做这种算术,我们以$N=7$的情况为例。对于这个模,计数数是$0, 1, 2, 3, 4, 5, 6$。当我们把这一范围内的任意两个数相加时,凡达到7,我们就把它减去。例如,在以7为模的算术中,

$$2+3=5, 3+4=0, 4+5=2, 6+6=5$$

当然,这看上去有些奇怪,并可能造成混乱,所以数学家不这样写。他们以如下方式表示上面的加法:

$$2+3 \equiv 5 \ (\mathrm{mod}\ 7)$$

$$3+4 \equiv 0 \ (\mathrm{mod}\ 7)$$

$$4+5 \equiv 2 \ (\mathrm{mod}\ 7)$$

$$6+6 \equiv 5 \ (\mathrm{mod}\ 7)$$

他们把这样的表达式称为**同余式**。上面四个同余式中的第一个读作"2加3以模7同余于5"。注意这里的7没有任何特殊之处。你可以用其他任何的正整数同样做这件事。

以7为模的乘法有类似的定义:你以通常的方式把两个数相乘,然后减去7的倍数。例如,

$$2 \times 3 \equiv 6 \ (\mathrm{mod}\ 7)$$

$$3 \times 4 \equiv 5 \ (\mathrm{mod}\ 7)$$

$$4 \times 5 \equiv 6 \ (\mathrm{mod}\ 7)$$

$$6 \times 6 \equiv 1 \ (\mathrm{mod}\ 7)$$

对于其他任何的模,情况类似。

既然减法是加法的逆运算,那么你总可以在有限算术中做减法。

例如,

$$5 - 3 \equiv 2 \ (\text{mod } 7)$$

$$3 - 5 \equiv 5 \ (\text{mod } 7)$$

$$4 - 5 \equiv 6 \ (\text{mod } 7)$$

$$1 - 6 \equiv 2 \ (\text{mod } 7)$$

(要验算这些式子,只要在两边加上——以7为模——式子左边的第二项。)对任何的模,同样都可以做减法。

对于除法来说怎么样? 在以7为模的情况中,你总可以做除法。例如,

$$5 \div 3 \equiv 4 \ (\text{mod } 7)$$

$$3 \div 5 \equiv 2 \ (\text{mod } 7)$$

$$4 \div 5 \equiv 5 \ (\text{mod } 7)$$

$$1 \div 6 \equiv 6 \ (\text{mod } 7)$$

(要验算这些式子,只要在两边乘上——以7为模——式子左边的第二项。)事实上,凡模是素数,除法即可行。但是对于一个合数模,一个数除以另一个数在有限算术中并不总是可行的。(当然,在普通算术中,我们也不是总可以让一个整数被另一个整数整除。)

因此,模算术——有时候人们这样称呼算术的这种有限性版本——就像常规的算术一样。如果模是素数,那么相应的模算术甚至有另外的性质,即你可以让任意一个数除以另一个数(并得到一个整数答数)。

已证实模算术在许多情况中很有用。其中之一是为伯奇和斯温纳顿-戴尔对椭圆曲线上的有理点进行计数提供了一种方法。


## 如何对无穷集进行计数

为了对椭圆曲线上的有理点计数,伯奇和斯温纳顿-戴尔决定对各

种不同的素数 $p$ 进行以 $p$ 为模的类似计数。这就是说，他们不是试图对方程

$$y^2 = x^3 + ax + b$$

的可能有无穷个的有理数解进行计数，而是取不同的素数 $p$，对满足同余方程

$$y^2 \equiv x^3 + ax + b \pmod{p}$$

的以 $p$ 为模的整数对 $(x, y)$ 的个数进行计数。对任何给定的素数 $p$，这种计数当然是有限的，因此可以实际操作。设 $N_p$ 是以 $p$ 为模的解的个数，即 $N_p$ 是满足同余方程

$$y^2 \equiv x^3 + ax + b \pmod{p}$$

的以 $p$ 为模的整数对 $(x, y)$ 的个数。

例如，假设我们取椭圆曲线 $y^2 = x^3 - x$ 和素数 $p = 5$。然后，用所有可能的整数对 $(x, y)$（其中 $x = 0, 1, 2, 3, 4$ 和 $y = 0, 1, 2, 3, 4$）代入同余方程

$$y^2 \equiv x^3 - x \pmod{5}$$

进行验算，我们发现这个同余方程的解就是 $(0, 0)$，$(1, 0)$，$(4, 0)$，$(2, 1)$，$(3, 2)$，$(3, 3)$，$(2, 4)$，一共 7 个。因此对这个同余方程，$N_5 = 7$。

我们考察的是计数问题的以 $p$ 为模的有限性版本，隐藏在这种做法背后的思想是这样的：如果 $(u, v)$ 是方程

$$y^2 = x^3 + ax + b$$

的一个整数解，那么 $(u \bmod p, v \bmod p)$ 就是同余方程

$$y^2 \equiv x^3 + ax + b \pmod{p}$$

的一个解，其中 $u \bmod p$ 是 $u$ 除以 $p$ 的余数，等等。更一般地，因为以素数为模的除法总会得出一个整数答数，所以原方程的任何一个有理数解就导致了相应同余方程的一个整数解。于是，如果在原来的椭圆曲线上有一个有理点，那么对于每一个素数 $p$，相应的以 $p$ 为模的同余方程就有一个解。如果这条椭圆曲线上其实有无穷多个有理点，那么我

们可以料想,对于许多的素数$p$,这个同余方程会有许多的解。(这个最后的观察结果具有重要意义,因为我们即将看到,在椭圆曲线是来自那个三角形面积问题的情况中,如果在这条曲线上有一个有理点,那么必定有无穷多个有理点。)

没有任何明显的理由说明为什么下面这种反过来的情况会成立:如果对于大量的素数$p$,以$p$为模的同余方程有着许多解,那么原方程就肯定有一个有理数解(别说无穷多个解了)。但是它确实看上去是有可能的——至少伯奇和斯温纳顿-戴尔认为如此。更准确地说,他们把他们的猜想建立在这样一个假设上:如果对于**大量的**素数,同余方程有着**大量的**解,那么原方程确实有着无穷多个有理数解。

接下来的问题是,你怎样才能查明是不是有大量的这种同余式有着大量的解?

好,如果你看到了这里,那么对于伯奇和斯温纳顿-戴尔猜想是关于什么方面的,以及它是怎样与一个关于直角三角形的经典几何问题相联系的,你会有个总体上的概念。你应该感觉非常良好,因为你走到了这么远。不幸的是,从这里再向前走就要渐渐变得有点难了。如果你发现自己变得越来越迷惘,请不要沮丧。大多数读者都会这样。像现代高等数学的许多分支一样,这里的抽象程度对非专业工作者来说实在太高,使得他们不会有很深入的了解。虽然我30多年来一直是一名职业数学家,但数论不是我的专业领域。我在好几个星期内断断续续地花了相当大的功夫,与我认识的专家讨论,以得到帮助,才让我充分理解这个问题,写出了这一章。我对这个问题试也不想试。

如果你仍然要继续下去,就让我们重新拾起话头。(当你感到你已不能再继续前进时,就放弃这一章,去看下一章——我不得不坦率地说,在那里你取得的进展可能比在这里还要少。)

为了判定是不是有大量的以$p$为模的同余方程有着大量的解,伯奇和斯温纳顿-戴尔对一系列不断增大的 $M$ 值计算了"密度函数"

$$\prod_{p \le M, \ p是素数} \frac{p}{N_p}$$

其中 $N_p$ 的定义如上。(如果你不熟悉上面使用的符号 $\prod$，或者不熟悉即将使用的符号 $\sum$，请看本章附录的说明。)

下一步是仔细观察他们得到的数据——主要是 $\prod_{p \le M} \frac{p}{N_p}$ 的值当 $M$ 的值增大时如何变化的图像——并争取找到某个描述这些数据的公式。首先要考察的公式显然是遍取**所有**素数的无穷乘积

$$\prod_{p} \frac{p}{N_p}$$

如果能保证这个无穷乘积会给出一个有限的答数,那么伯奇和斯温纳顿-戴尔对一系列不断增大的 $M$ 值计算出来的 $\prod_{p \le M} \frac{p}{N_p}$ 值,会形成一个不断逼近这个无穷乘积的序列,他们就可以利用这个无穷乘积去分析他们用计算机算出的数据。可惜的是,不能保证这个无穷乘积会给出一个有限的答数。尽管如此,寻找一个公式来把握这些数据的策略是一个好策略,结果发现确实有一个相关的公式能起到这种作用。然而,由于这个另外的无穷乘积比上面的那个更为复杂,所以我将要做的是,概述一下在假定上面那个无穷乘积给出了一个有限答数的前提下,有关的分析会沿着怎样的路线进行,然后描述一下伯奇和斯温纳顿-戴尔为了得到一个有效的论证而做的变化。

如果原来的椭圆曲线有无穷多个有理点,那么应该对于许多的素数 $p$,以 $p$ 为模的同余方程有着大量的解,这意味着对于无穷多个素数,比值 $\frac{p}{N_p}$ 应该(大大)小于1,因此这个无穷乘积算出来应该是0。伯奇和斯温纳顿-戴尔所作的猜想是,这段论述倒过来也可以成立:如果我

们计算 $\prod\limits_{p}\dfrac{p}{N_p}$ ，并发现它是0，那么可能这就告诉我们这条椭圆曲线事实上有着无穷多个有理点。换言之，或许这条椭圆曲线有无穷多个有理点的充要条件是

$$\prod_{p}\frac{p}{N_p} = 0$$

但是你如何算出这个无穷乘积呢？对了，在前面第一章中我们遇到过一个遍取所有素数的分式无穷乘积。欧拉证明对于任意的实数 $s > 1$，无穷乘积

$$\prod_{p \text{是素数}}\frac{1}{1 - \dfrac{1}{p^s}}$$

等于无穷和

$$\zeta(s) = \sum_{n=1}^{\infty}\frac{1}{n^s}$$

黎曼（和其他人）随后证明函数 $\zeta(s)$ 可以被延拓成对任何一个不等于1的复数 $s$ 都能给出一个答数，而且这个被延拓的函数可以用微积分方法来研究。狄利克雷证明对于一类被称为L函数的更为一般的"$\zeta$函数"，类似的过程同样可行。（见第一章附录。）

假设你能对欧拉式无穷乘积

$$\prod_{p}\frac{p}{N_p}$$

做类似的事情。也就是说，假设你能证明存在一种函数 $L(E,s)^*$，它对任何一个复数 $s$ 都能给出一个答数，并且可以用微积分来研究，使得

$$L(E,1) = \prod_{p}\frac{p}{N_p}$$

（在关于L的符号内放入E，是因为数 $N_p$ 依赖于E。）那么，通过计算 $L(E,$

---

\* 根据下文，$E$ 代表椭圆曲线。——译者

1)，你就可以得到关于椭圆曲线上有理点的个数的某些信息。事实上，伯奇和斯温纳顿-戴尔说，你可能会得到你想要的任何东西。基于他们运行计算机所得的证据，他们提出椭圆曲线有无穷多个有理点的充要条件是 $L(E,1) = 0$。

从本质上讲，这就是伯奇和斯温纳顿-戴尔猜想。但是请注意修饰语"从本质上讲"。如果你打算准确地按照我的描述去做，那将不会有结果。你必须取一个稍微比 $\prod_p \dfrac{p}{N_p}$ 复杂一点的乘积，才有希望完成狄利克雷式的论证而得到一个"$L$ 函数"。（原因首先是，我们提到过，这个简单的无穷乘积并不给出一个有限的答数。）接下来的问题是，是不是真的存在一个合适的 $L$ 函数（它对所有的复数 $s$ 都给出一个答数）。其实这是谷山-志村猜想的一种特殊情况，但这个猜想到 1994 年才解决。当时怀尔斯和泰勒（Richard Taylor）在解决费马大定理的过程中证明了这个猜想。[3] 在 1994 年之前，连伯奇和斯温纳顿-戴尔猜想是不是有意义都不能肯定。当时没有人知道是否存在一个 $L(E,s)$ 函数；更准确地说，没有人知道是否存在这样一个函数，它对所有的数 $s$，特别是对关键值 $s = 1$，都给出一个答数。既然我们现在知道确实存在这样的一个函数，那么首要的问题就成了伯奇和斯温纳顿-戴尔围绕着它作出的猜想——E 上有无穷多个有理点的充要条件是 $L(E,1) = 0$——是否正确了。

在本章的余下部分，我将对刚才概述的这个论证过程提供更多一点的细节——而且更准确一点。

### 为什么椭圆曲线很重要：群结构

椭圆曲线的许多吸引力，以及为什么它们在现代数学中到处出现的原因,是与庞加莱在1901年首先观察到的这样一个事实密切相关的:对于每条椭圆曲线,都有一个特定的群与之相联系。(在第二章中我们遇到过群的概念。在继续看下去之前,你可能需要回过去看看那章的附录。)

组成这个群的对象是椭圆曲线上的坐标为有理数的点。数学家通常使用符号$\mathbb{Q}$,一个镂空风格的大写字母Q,来代表有理数集。于是,这个群由曲线上的这些点$(x,y)$所组成,其中$x$和$y$都在集合$\mathbb{Q}$中。数学家以下面这个更为正规的方式来表述这一点:给定一条椭圆曲线$E$,令$E(\mathbb{Q})$是$E$上所有有理点(即$E$上所有坐标在$\mathbb{Q}$中的点)的集合。事实上,这并不十分准确。由于技术上的原因,你必须在集合$E(\mathbb{Q})$中再放进一个点,即理想化的"无穷远点"$\infty$,它位于所有的竖直线上。(例如,对于图6.3所示的曲线$y^2 = x^3 - x$,$E(\mathbb{Q}) = \{(0,0),(1,0),(-1,0),\infty\}$。)

把$E(\mathbb{Q})$作为群,你一定会说把这个集合的两个元素相加是什么意思。这一点显示在图6.5中。

有了图6.5中所定义的加法,$E(\mathbb{Q})$成为一个群。事实上,它是一个交换群(或称阿贝尔群)。1922年,英国数学家莫德尔(Lewis Mordell)证明群$E(\mathbb{Q})$是有限生成的。也就是说,即使$E(\mathbb{Q})$中有无穷多个元素,其中也会有那么有限个点[*],使得$E(\mathbb{Q})$中的每一个元素都能从这有限个点出发通过有限步加法而得到。用几何术语说,存在一个曲线上有理点的有限集,使得这曲线上的每一个有理点都能从这初始有限集出发通过有限个弦或切线[**]步骤(如图6.5所示)而达到。

对任何一个群,如果我们从一个点$A$开始,生成一个点序列$A, A+A, A+A+A, \cdots$,则下列两件事必有一件会发生:要么这个点序列最终发生循环,要么它将永远继续下去。在前一种情况中,这个点序列产生

---

[*] 称为生成元。——译者

[**] 在图6.5中,当$P=Q$时,显然是画曲线在$P(Q)$点的切线。——译者

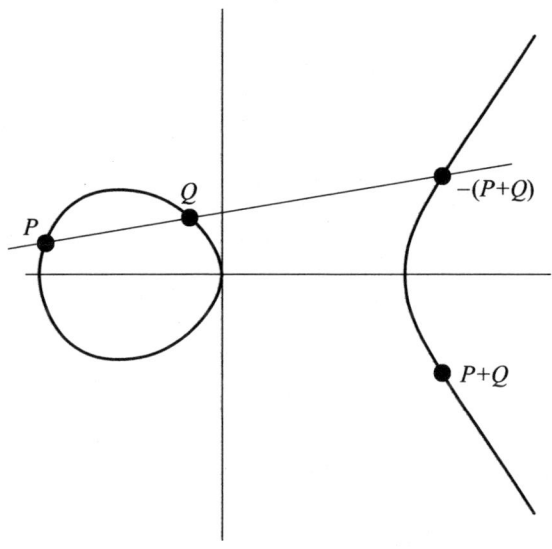

图6.5 关于一条椭圆曲线的群的加法。给定 $E(\mathbb{Q})$ 中的点 $P$ 和 $Q$,过
$P$ 和 $Q$ 画一条直线。它与这曲线至多相交于另一个点。如果这条直
线不再与这曲线相交,我们就说这条弦"与曲线相交于 ∞",即相交于
无穷远点。有了这个规定,对于给定的任意两点 $P$ 和 $Q$,弦 $PQ$ 的延
长线必定与这曲线相交于另一个点(可能是 ∞ )。这第三个点被取
为 $-(P+Q)$。确切地说,$P+Q$ 这个群加法的和,是这曲线上关于 $x$
轴与这第三个点成反射对称的点(∞ 的反射对称点还是 ∞)。

了这个群的一个有限子群[*];在后一种情况中,它产生了整数集的一个
副本[**]——整数集通常记为 $\mathbb{Z}$,一个镂空风格的字母 $\mathbf{Z}$(来自德语中表示
"数"的单词 Zalhen)。在群 $E(\mathbb{Q})$ 的情况中,由于它是有限生成的,如果
我们考察对每一个生成元进行上述重复运算将发生什么,我们会看到
这个群分成有限个子群和有限个 $\mathbb{Z}$ 的副本。

    用更正规的数学语言,即

---

    [*] 一个群所含元素的个数称为这个群的阶。在这里,这个有限子群的阶又称
为元素 $A$ 的阶。这些概念下面就要用到。——译者

    [**] 即这个集合作为一个群与整数在加法下形成的群本质上相同。用数学的
语言说,它们同构。顺便说一下,这里元素 $A$ 的阶为无穷大。——译者

$$E(\mathbb{Q}) \cong \mathbb{Z}^r \times E(\mathbb{Q})_\mathrm{f}^{*}$$

其中 $\mathbb{Z}$ 是在加法下的(无穷)整数群,$r$ 是某个非负整数,$E(\mathbb{Q})_\mathrm{f}$ 是一个有限群($E(\mathbb{Q})$ 的全体有限阶元素所组成的子群)。数 $r$ 称作曲线 $E$ 的秩。我们将看到,数 $r$ 提供了一种度量这曲线上的有理点集(可能是无穷集)的大小的方式;$r$ 越大,我们期望看到的有理点就越多。因此,椭圆曲线的秩是一个重要的参数。然而,虽然近年来在椭圆曲线理论上取得了显著的进展,但秩仍然是个谜。甚至秩如何计算或秩是不是可以任意大这种基本的问题都还没有解决。

20世纪30年代,纳格尔(Trygve Nagell)和卢茨(Elisabeth Lutz)各自独立地证明了如果 $E(\mathbb{Q})$ 中有一点 $(x,y)$,它的阶有限(即它是 $E(\mathbb{Q})_\mathrm{f}$ 的一个元素),则 $x$ 和 $y$ 必定都是整数,而且要么 $y=0$,要么 $y^2$ 整除方程 $E$ 的判别式 $\Delta$。最近,在1977年,梅热(Barry Mazur)证明了 $E(\mathbb{Q})_\mathrm{f}$ 必定要么是11个群 $\mathbb{Z}/n\mathbb{Z}^{**}$(其中 $n=1,2,\cdots,10$ 或 $n=12$)之一,要么是4个群 $(\mathbb{Z}/m\mathbb{Z})\times(\mathbb{Z}/2\mathbb{Z})$(其中 $m=1,2,3,4$)之一。在 $E$ 是 $y^2=x^3-d^2x$(即来自那个三角形面积问题的曲线)的情况中,$E(\mathbb{Q})_\mathrm{f}=(\mathbb{Z}/2\mathbb{Z})\times(\mathbb{Z}/2\mathbb{Z})^{***}$。见图6.6。

## 对椭圆曲线上的有理点进行计数

我们已经看到,存在一个边长为有理数而面积为 $d$ 的直角三角形

---

* 符号"$\cong$"表示"同构于"。符号"$\times$"表示群的直积运算:设 $G$ 和 $F$ 是两个群,则它们的直积 $G\times F$ 也是一个群,其元素的一般形式是 $(g,f)$,其中 $g$ 和 $f$ 分别是群 $G$ 和 $F$ 的元素。$G\times F$ 中的运算如下定义:$(g_1,f_1)\circ(g_2,f_2)=(g_1\cdot g_2,f_1*f_2)$,其中 $\cdot$ 和 $*$ 分别是群 $G$ 和 $F$ 中的运算。$G\times G\times\cdots\times G$(一共 $r$ 个 $G$)记作 $G^r$。——译者

** $\mathbb{Z}/n\mathbb{Z}$ 就是 $0,1,\cdots,n-1$ 在以 $n$ 为模的加法下形成的有限群。——译者

*** $E(\mathbb{Q})_\mathrm{f}=\{(-d,0),(0,0),(d,0),\infty\}$,而 $(\mathbb{Z}/2\mathbb{Z})\times(\mathbb{Z}/2\mathbb{Z})=\{(0,0),(1,0),(0,1),(1,1)\}$。它们之间的对应关系是:$(-d,0)\leftrightarrow(1,0),(0,0)\leftrightarrow(1,1),(d,0)\leftrightarrow(0,1),\infty\leftrightarrow(0,0)$。——译者

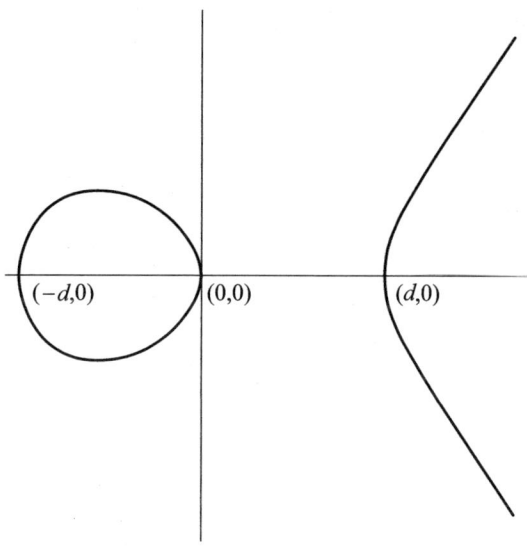

图6.6  椭圆曲线 $y^2 = x^3 - d^2 x$。

的充要条件是椭圆曲线 $y^2 = x^3 - d^2 x$ 有一个 $y \ne 0$ 的有理点。但是 $y \ne 0$ 的有理点正是阶为无穷大的点。因此,存在一个边长为有理数而面积为 $d$ 的直角三角形的充要条件是椭圆曲线 $y^2 = x^3 - d^2 x$ 有无穷多个有理点。(它的一个令人吃惊的结果是,如果存在一个边长为有理数而面积为 $d$ 的直角三角形,那么就存在无穷多个这样的三角形。)

于是,正如我们先前看到的,那个关于直角三角形的原始问题可以通过对某些椭圆曲线上有理点的个数进行"计数"来解决。你会想起,这里的思路是对以素数 $p$ 为模的解的个数进行计数。

对于任意素数 $p$,设 $N_p$ 是满足

$$y^2 \equiv x^3 + ax + b \pmod{p}$$

的以 $p$ 为模的整数对 $(x, y)$ 的个数加上1。(注意这比我们先前引进的 $N_p$ 要大1。加上这个1是因为要把 $\infty$ 点算进来。)数学家会意识到这个新的 $N_p$ 就是群 $E(\mathbb{Z}/p\mathbb{Z})$ 的阶。

在我们先前那个椭圆曲线 $y^2 = x^3 - x$ 而素数 $p = 5$ 的例子中,我们发现有7个解,即 $(0,0), (1,0), (4,0), (2,1), (3,2), (3,3), (2,4)$,因此

对这个方程,$N_5 = 7 + 1 = 8$。

记得吗?隐藏在考察计数问题的以$p$为模的有限性版本背后的思想是,如果一条椭圆曲线$y^2 = x^3 + ax + b$有无穷多个有理点,那么对于不同的素数$p$,平均地说,同余方程

$$y^2 \equiv x^3 + ax + b \pmod{p}$$

往往应该有许多的解。

这里的思路是通过计算某种形式的密度函数来测试这一点。哈塞(Helmut Hasse)和韦伊(André Weil)早先的工作导出了下面这个函数,它看来是伯奇和斯温纳顿-戴尔所需要的:

$$L(E, s) = \prod_p \left(1 - \frac{1 + p - N_p}{p^s} + \frac{p}{p^{2s}}\right)^{-1}$$

这通常被称作哈塞-韦伊$L$函数。如果要解释在这个表达式中各个特定项的来源,那就会把我们带到离我们主线太远的地方。然而请注意,只要你在上式中代入$s = 1$,并化简这个代数过程,你就会得到无穷乘积

$$\prod_p \left(\frac{N_p}{p}\right)^{-1} = \prod_p \frac{p}{N_p}$$

严格地说,这个代数过程是没有意义的,因为你令$s = 1$而得到的无穷乘积并不给出一个答数。尽管如此,它到底还是指出了哈塞-韦伊函数与我们先前对伯奇和斯温纳顿-戴尔方法的直观性讨论有着怎样的联系。

让我试着说明一下为什么哈塞-韦伊公式能符合伯奇和斯温纳顿-戴尔的要求。哈塞已证明,一般来说$N_p$这个数大致与$p + 1$相等,其偏差至多在$2\sqrt{p}$这个值左右。

换另一种方式表述,如果我们令$a_p$是$N_p$与$p + 1$的"偏差"量

$$a_p = (p + 1) - N_p$$

那么 $|a_p| < 2\sqrt{p}$ 。用上面这些 $a_p$ 项,哈塞-韦伊 $L$ 函数可以写成

$$L(E,s) = \prod_p \left(1 - \frac{a_p}{p^s} + \frac{p}{p^{2s}}\right)^{-1}$$

哈塞不等式 $|a_p| < 2\sqrt{p}$ 于是就意味着只要 $s$ 的实部大于 $\frac{3}{2}$ ,$L(E,s)$ 就能给出一个答数。

从直观上看,上面乘积中的 $a_p/p^s$ 项可被认为是补偿 $N_p$ 对 $p+1$ 之偏离的"修正"项。如果 $a_p$ 为正为负大致相当,那么无穷乘积 $L(E,s)$ 算出来可能不为零。然而,如果存在着向负值的偏倚——也就是说,如果 $N_p$ 往往大于 $p+1$ ——那么 $L(E,s)$ 算出来可能为零。

哈塞猜想,就像黎曼 $\zeta$ 函数那样,$L(E,s)$ 也可以被延拓成对任意一个复数 $s$ 都给出一个答数的函数,而且对这个函数可以应用微积分方法。这个大胆的猜想是谷山-志村猜想的一个推论。怀尔斯和泰勒在证明费马大定理的过程中解决了谷山-志村猜想的一种特殊情况,此后,到1999年,谷山-志村猜想最终得到解决。

伯奇和斯温纳顿-戴尔猜想是:$E(\mathbb{Q})$ 是无穷集的充要条件是 $L(E,1)=0$ 。

事实上,这并不是伯奇和斯温纳顿-戴尔最初提出他们这个猜想时的准确形式。他们作出的陈述在某种程度上比这更强。他们说,假设哈塞的猜想被证明是正确的,于是 $L(E,s)$ 可以被延拓成对任意一个复数 $s$ 都给出一个答数的函数,而且对这个函数可以应用微积分方法。这就特别意味着,$L(E,s)$ 可以用著名的泰勒多项式来表示。例如,在点 $s=1$(这是这两位研究者特别感兴趣的点)附近,$L(E,s)$ 的值可以用一个如下形式的无穷多项式给出:

$$L(E,s) = c_0 + c_1(s-1) + c_2(s-1)^2 + c_3(s-1)^3 + \cdots$$

利用这个多项式,如上陈述的猜想可以这样重新表述:$E(\mathbb{Q})$ 是无

穷集的充要条件是 $c_0 = 0$。伯奇和斯温纳顿-戴尔作出了下面这个更强的断言：$E(\mathbb{Q})$ 是无穷集的充要条件是 $c_r \neq 0$，但是对 $n = 0, \cdots, r-1$，每个系数 $c_n$ 都为零，这里 $r$ 是 $E$ 的秩。换言之，$E(\mathbb{Q})$ 是无穷集的充要条件是 $L(E, s)$ 在 $s = 1$ 处的泰勒多项式具有如下形式：

$$L(E, s) = c(s-1)^r + 高阶项$$

其中 $c \neq 0, r$ 是 $E$ 的秩。从直观上看，对泰勒多项式开头若干个零项的个数进行计数，提供了对这个函数在有关点为零之程度*的一种度量。因此，根据伯奇和斯温纳顿-戴尔的猜想，$E$ 的秩给出了 $L(E, 1)$ 为零之程度的一种准确度量。

　　于是，现在你知道了吧。

---

* 用复变函数论的语言，即这个零点的阶。——译者

## 附录　无穷和与无穷乘积的符号

数学家把一个"长长"的和

$$a_1 + \cdots + a_N$$

(其中笨拙地使用了省略号)简写成

$$\sum_{n=1}^{N} a_n$$

大写希腊字母 $\Sigma$ 用来代表"和"。字母 $n$ 是一个在两个指定值(在这里是1和 $N$)之间连续取值的指标或计数器。

例如,开头100个自然数的平方和可以写成如下形式:

$$\sum_{n=1}^{100} n^2$$

这是对下面这个比较明确(但笨拙)的表达式的简写:

$$1^2 + 2^2 + 3^2 + \cdots + 99^2 + 100^2$$

从100到200的整数的立方和可以写成这样:

$$\sum_{n=100}^{200} n^3$$

对乘积也有类似的符号。乘积

$$a_1 \cdot a_2 \cdots a_N$$

被简写为

$$\prod_{n=1}^{N} a_n$$

例如,从50到100的所有自然数的平方积可以写成

$$50^2 \times 51^2 \times 52^2 \times \cdots \times 99^2 \times 100^2$$

也可以简写成如下的形式:

$$\prod_{n=50}^{100} n^2$$

符号∑和∏可以用来表示无穷和与无穷乘积。例如，

$$\sum_{n=1}^{\infty} a_n = a_1 + a_2 + a_3 + \cdots$$

这里的和一直继续下去，以及

$$\prod_{n=1}^{\infty} a_n = a_1 \times a_2 \times a_3 \times \cdots$$

这里的乘积也一直继续下去。

使用这个符号，欧拉的ζ函数具有定义：

$$\zeta(s) = \sum_{n=1}^{\infty} \frac{1}{n^s} \ (s > 1)$$

而将ζ函数与素数联系起来的欧拉定理为

$$\zeta(s) = \prod_{p \text{是素数}} \left(1 - \frac{1}{p^s}\right)^{-1}$$

（既然存在着无穷多个素数，那么这里的乘积就是一个无穷乘积。）

## 第七章

# 没有图形的几何学：霍奇猜想

　　任何一位作者都应当把可能使读者绝望地放弃阅读的内容尽量拖到后面再介绍。根据这个原则，当我为写这本书而对这七个千年难题编号时，我把霍奇猜想放在了最后。事实上，我对这些问题的排序完全不同于克莱数学促进会列出它们时的排序。它们的排列顺序是根据题目名称的长度，从名称最短的 P 对 NP 问题开始，到名称最长的伯奇和斯温纳顿-戴尔猜想结束，这使得这张问题列表的形状在当初的宣传海报上形成了一棵迷人的圣诞树：

P versus NP

The Hodge Conjecture

The Poincaré Conjecture

The Riemann Hypothesis

Yang-Mills Existence and Mass Gap

Navier-Stocks Existence and Smoothness

The Birch and Swinnerton-Dyer Conjecture*

　　我采用了与此不同的顺序，这有两个理由。首先，我要确保后面的

---

　　* 这是七大难题的正式英文名称。它们从上到下依次是本书第三章、第七章、第五章、第一章、第二章、第四章和第六章所介绍的问题。——译者

章节可以使用前面介绍过的材料。我的第二个理由是要确保越难懂的问题越晚出现。(事实上不可能说出哪一个问题将比较难解决。这七个问题入选这张表,是因为它们被普遍认为属于当前最困难的未解决问题。)

因此,如果你对自己能看到这里而感到愉快(即使你在第六章不得不半途而废),而从现在起在一两页内你突然产生了一种就是不能理解的失落感,那么请不要觉得绝望。事实上——这不是我经常说的话——如果你发现继续下去实在太难了,那么聪明的策略可能就是放弃。英国数学家威廉·霍奇爵士(Sir William Hodge)于1950年提出的霍奇猜想,无疑是所有千年难题中最难理解的。作为一名试图找到一种方式向非数学专业的读者解释这些千年难题的作者,这个问题显然给我造成了巨大的困难。这是个高度专业的问题,它深深隐藏在只有极少数专业数学家才懂得的高度抽象的现代数学森林之中。它处理的对象甚至与专家的直觉也相去甚远,以至于不但无法对这个猜想结果证明出来是对还是不对"下注",甚至对它真正说的是什么也没有一个共识。

我说它比其他六个问题恶劣得多,你不信? 这里就是霍奇猜想:

一个非奇异射影代数簇上的每一个(一定类型的)调和微分形式都是代数闭链的上同调类的一个有理组合。

任何人,只要能理解这个句子中的一个专业术语,就可以在班上称王。

是的,这有点不公平。我本可以对其他的某些千年难题在一开始也用一种专业的方式予以叙述,以造成一种类似的困惑感。但这个问题的难处在于几乎不可能说明所有这些专业术语代表什么意思。

不错,在上一章对付伯奇和斯温纳顿-戴尔猜想时,事情已变得越来越棘手。但是在那里我至少能把问题与一道简单的几何小难题联系起来。因此,即使你发现前进的道路上有许多艰难险阻(就像大多数读者那样,我猜)——你甚至可能已经放弃了——但至少你能开始接近这个问题。例如,你可以对自己说这个猜想是那个三角形面积问题的一种更为一般的版本。当你首先用代数方程重新表达这个几何问题,然后考察所有具有同样一般形式的方程时,这个猜想便开始产生了。以这种方式来看待这个猜想肯定远不能让你达到专家那样的理解水平,但是你得到的总体认识是正确的。

对于霍奇猜想,甚至通到这个问题门口的类似道路都没有。从那个可以理解的问题(即那个面积问题的代数版本)到伯奇和斯温纳顿-戴尔猜想仅有一步之遥(尽管这一步包含了许多重量级的数学),但对霍奇猜想来说并非如此。从每个人都会在高中遇到的数学概念出发走到这个猜想需要好几个步骤,而且它们是令大多数专业数学家感到气馁的几个步骤。

霍奇猜想或许最清楚地说明了我在第零章中就所有的千年难题而提出的一个观点,即现代数学的本性使它的大部分几乎不可能被普通人领会。一个世纪以来,数学家在旧的抽象上面建立了新的抽象,每一个新的步骤都使他们进一步远离我们归根结底必须把我们所有的认识建筑在其上的日常经验世界。正如我先前所作的评论,与其说数学家做出了新东西,不如说被考虑的对象变得更为抽象了——从抽象到更抽象,从更抽象再到更更抽象。以霍奇猜想为例,微积分的运算在这里扮演了一个主要的角色(微分、积分,等等),但是这个微积分不是像许多高中生所学到的那样在实数上进行,甚至也不在复数上进行。这是在更一般、更抽象的背景上进行的微积分。

对普通人来说,这个问题的难以理解或许正是它最有趣的性质。100年前,任何数学问题都能对一个感兴趣的普通人解释清楚。今天,有些问题甚至不能对大多数专业数学家进行解释。

人类的大脑必须努力工作以达到一个新的抽象水平。只有征服了一个新的水平,才有可能从这个水平抽象到另一个水平。这就是一位年轻的数学家要花这么多年才能到达这个学科某个特定分支的前沿的部分原因。(只有很少的一些领域不是这种情况,但是它们好像在减少,因为数学家不断设法运用来自更抽象领域的技巧把这些看上去比较眼熟的领域向前扩展,例如我们在第一章和第六章中看到的,应用复变函数的微积分去证明关于素数的定理。)

尽管说了这些话,但我还是试图解释一下霍奇猜想说的是什么。我所说的某些内容将不可避免地令专家们恼怒。但是,他们并不需要这本书,不是吗?

## 困难的东西,我尽力把它弄得容易些

17世纪,法国哲学家笛卡儿(René Descartes)展示了怎样把几何化成代数。要讨论平面中的一条直线,你可以代之以考察满足一个方程的所有点$(x,y)$的集合,例如

$$y = 3x + 7$$

或

$$y = \frac{3}{4}x - \frac{1}{2}$$

或诸如此类的方程。(第一个方程给出了通过点$(0,7)$、斜率是3的直线;第二个方程确定了通过点$(0,-1/2)$、斜率是3/4的直线。)同样,要讨论一个圆,你可以代之以考察满足一个方程的所有点$(x,y)$的集合,例如

$$x^2 + y^2 = 5$$

或

$$(x-3)^2 + (y-5)^2 = 81$$

（第一个方程给出了半径是 $\sqrt{5}$、圆心在原点的圆；第二个方程定义了半径是9、圆心在点(3,5)的圆。）使用笛卡儿的方法，古希腊人解几何题时喜欢进行的几何的和逻辑的论证可以用做代数——即解方程来代替。用代数来做的几何通常称作代数几何，或者为了表示对笛卡儿的敬意，有时称作笛卡儿几何。

19世纪期间，数学家将笛卡儿的方法向前推进了一步。他们不是只把代数用作一种工具——通过写出确定那些几何对象的方程——来帮助他们对几何对象进行推理，而是从一批代数方程着手，把这些方程的解**定义为**"几何"对象。例如，他们不是说方程 $x^2 + y^2 = 4$ 提供了一个对半径是2、圆心在原点的圆的代数描述，而是仅仅研究这个方程所产生的对象——不管它是什么。在这种我们是从一个熟悉的几何对象着手的情况中，这样做除了在先出现什么上给出了一个与以往不同的视角外，当然没有给出什么新的东西。但是大多数方程并不对应着我们熟悉的几何对象，因此称它们为"几何对象"是讲不通的。以这种方式从代数方程产生的对象，数学家所给的名称是"代数簇"。准确地说，这并不是很对。在定义代数簇时，数学家并不是把自己限制在单单一个代数方程上，相反，你可以从任何一组有限个方程着手。于是这个簇就是由所有的满足这个方程组中所有方程的点组成。这使得这类代数簇比只允许你从单个方程着手更丰富。（如果在由两个方程组成的方程组中，每一个方程定义了一个我们熟悉的几何图形，那么由这个方程组定义的簇将是这两个图形的交——这两个图形的共有部分。）

因此，代数簇是几何对象的一种推广。任何一个几何对象都是一个代数簇，但是有许多代数簇是不可能被直观化的。然而，并不因为某个特定的代数簇不可能被直观化,你就不能对它做(代数)几何。你能做。这是没有图形的几何。

现在,我们可以看一下霍奇猜想中的一个专业术语:一个非奇异射影代数簇,粗略地说就是一个光滑的多维"曲面",它由一个代数方程的解所产生。(这就像一个球面是通过对某个 $a$ 解代数方程 $x^2 + y^2 + z^2 = a^2$ 而得到的一个光滑的二维曲面。)

这个猜想针对那种"曲面"上的"调和微分形式"作出了一个断言。粗略地说,一个调和微分形式是某个十分重要的偏微分方程(称为拉普拉斯方程)的一个解,它既产生于物理学,也产生于复变函数的研究。(我稍后将表述这个方程。)

如今,当学生们在大学中初次学习微积分时,他们通常学的是二维平面(就是欧几里得几何中和初等三角学中我们熟悉的平面)上的微积分。但是小小地努力一下,就可以把微积分推广到其他曲面上,例如球面上。大大地努力一下,你就可以(更准确地说,是专家们可以)把微积分推广到各种各样更为一般的簇上。霍奇猜想涉及的是推广到一个非奇异射影代数簇上的微积分。它对某种类型的抽象对象作出了一个断言,我们把这种抽象对象称为 H 对象,如果我们从某种类型的簇着手并在其上做某种微积分,就会产生 H 对象。

现在,当你用微积分(而不是代数)去定义一个对象时,定义出来的对象从任何意义上说都不一定是"几何的"。霍奇猜想说,H 对象对刚才这句话来说是个例外——至少差不多是例外。虽然它们本身可能不是几何对象,但它们能以一种相当简单(而且是不用微积分)的方式由几何对象构建起来。在这个猜想的术语中,H 对象就是代数闭链的上同调类的一个有理组合。这就是说,任何 H 对象都能以一种纯粹代数的方式由几何对象构建起来。

因此,你可以认为霍奇猜想是说:"看,通过在簇上运用微积分,我们创造了一类对象(H对象),这类对象不仅让我们想把它们直观化的希望成为泡影,甚至让我们不能用代数方式描述它们。然而,这些对象能以一种代数的方式由能用代数描述的对象建造起来。因此,我们至少仍有一条把我们与更为坚实的基础联系起来的生命线——一种我们(即专家们)能用来对这些对象作进一步研究的联系。"

霍奇猜想的作用是给专家们提供某种能用来分析H对象的强有力的数学结构。这在许多现代数学中十分典型,在那里,数学家不断在寻找对象上的新结构,或者是寻找从一个领域或一种数学到另一个领域或另一种数学的联系,以使他们能把来自一个领域的方法加以改造,运用于另一个领域。(毕竟,这正是笛卡儿所做的事,他展示了怎样运用代数方法来研究几何对象。)

好,刚才这两段文字中就含有某些令专家们愤怒的说法。为了让你对所说的事情至少有一个总体上的认识,我试图在某些内容中加入我们熟悉的语言,这些内容是如此地远离日常生活世界,以至于任何这样的企图从严格意义上说是注定要失败的。但是无论如何,让我们奋勇前进。下面是另一种理解这个问题的方式。它的优点是所涉及的概念对任何学过大学微积分课程的人来说都不会觉得太陌生。它的缺点是,虽然从专业上说这种方式是正确的,但它却让人对霍奇猜想"不得要领"。

我们可以从代数簇上沿着广义路径的积分着手来提出霍奇猜想。由于对路径进行变形仍能保持这种积分的值不变,因此你可以认为这种积分是定义在路径类上的。

霍奇猜想提出,如果某些这样的积分为零,那么在这个路径类中存在着一条能用多项式方程描述的路径。

正如我提到过的,霍奇猜想的这种提法在专业上是准确的,但丢失了这个猜想的主要精神。在试图让你对专家们看待这个猜想的方式有一些认识之前,让我对它在数学中的地位说几句话。

首先,它具有重大的意义。霍奇猜想的证明将在代数几何、分析和拓扑学这三个学科之间建立起一种基本的联系。

其次,这个猜想的一种情况已被证明,但是这种情况是美国数学家莱夫谢茨(Soloman Lefschetz)于1925年解决的,早在霍奇提出这个一般性猜想之前。不太夸张地说,自那时以来,在这个问题上基本没有进展。

因此,直到现在,霍奇猜想仍然只是:一个猜想。有些人会说它应该更准确地称为一个不着边际的猜测。但是这并没有阻止许多数学家试图证明它,或者研究它的推论。1991年,美国数学学会出版了一本书,书中记载了人们对霍奇猜想已做的一些研究。[1]第二版在1999年出版,根据已知的情况作了更新。这第二版共有368页,每页都排得密密麻麻。它包括了一个新的部分,其中列出了发表于1950年至1996年的71篇论文,这些论文都仅仅是关于这个猜想的一个方面,即所谓阿贝尔簇上的霍奇猜想的。这本书的作者在序言中承认,即使有了这个补遗,这个综合报告仍然是不完全的,要读者参阅其他资料。

顺便说一下,下面是这本美国数学学会的书在其序言的开头一段对霍奇猜想的陈述,它被这本书描述为这个猜想的"通俗版本":

> 设 $X$ 是一个射影代数流形,p 是一个正整数。再设 $H^{2p}(X, \mathbb{Q})_{alg} \subset H^{2p}(X, \mathbb{Q})$ 是代数上闭链的子空间,即由 X 中余维数为 p 的代数子簇的基本类所生成的 $\mathbb{Q}$ 向量空间。霍奇猜想断言,可以用霍奇理论来"计算"子空间 $H^{2p}(X, \mathbb{Q})_{alg}$,具体地说,$H^{2p}(X, \mathbb{Q})_{alg} = H^{p,p}(X) \cap H^{2p}(X, \mathbb{Q})$。

于是,现在你知道了吧。

如果你还和我在一起,那你就要准备在这个猜想中挖掘得稍稍深一点,看看它是如何产生的。

## 霍奇其人

对于霍奇这样一位在这个职业中具有如此突出地位的数学家,令人吃惊的是,人们对他几乎一无所知。他的一生就像他的猜想那样一直让人不可捉摸。

他1903年出生于苏格兰的爱丁堡。作为一名才华横溢的学生,他先是在爱丁堡,然后又在剑桥完成了学业。之后于1936年,在33岁这个涉世未深的年龄,他被剑桥大学委任为教授,他在这个职位上一直待到1970年退休。

他是开发几何、分析和拓扑学之间联系的一位主要人物。数学家如今还记得他主要是因为(除了他的猜想之外)他的调和积分理论。

1938年,他入选伦敦的皇家学会,于1957年被授予这个学会的赫赫有名的皇家奖章(Royal Medal,以"表彰他在代数几何上的杰出工作"),并于1959年被英国女王封为爵士。从1947年到1949年,他任伦敦数学会会长,并于1952年获得这个学会的贝里克奖(Berwick Prize)。1974年,皇家学会再次奖励他,这次是授予他科普利奖章(Copley Medal),以嘉奖"他在代数几何上的开创性工作,特别是他的调和积分理论"。作为一名在英国国内外积极活动的数学促进者,霍奇是英国数学学术报告会(British Mathematical Colloquium,一个巡回于各个英国大学的年度学术研讨会)的发起人之一,并于1952年在创建国际数学家联盟的过程中起了重要的作用。他于1975年逝世,享年72岁。

他在他职业生涯的大部分时间里都致力于发展代数几何的深刻而丰富的理论——其中的一个理论现在就称为"霍奇理论"。他的猜想就是产生于代数几何。1950年在英国剑桥举行的国际数学家大会上,霍奇在他的演讲中宣布了这个猜想。[2]（更准确地说，霍奇在他的演讲中是把它作为一个开放性问题提出来的。不过，从他发表的有关这个主题的其他文字材料来看，他认为这个猜想很可能是正确的。）

既然你对霍奇的了解已同其他任何人一样，那么就让我们看一看数学中有关的各种发展，这些发展，正是他提出一个现在悬赏100万美元的千年大奖问题的先导。

### 当复数遇到关于流体的数学

这故事开始于文艺复兴时期的意大利，当时那里的数学家开始谈论一件不可思议的事：在代数中引进一个数，它的平方是 $-1$。这个数现在被数学家用字母 $i$ 表示，如我们在第一章中所看到的，它形成了复数的基础。

在第一章中我们还看到，虽然人类的理智一开始发觉很难接受一个数的平方为负的思想，然而复数具有一套有效的算术运算，它就像通常的实数算术运算一样。你可对两个复数做加、减、乘、除，而且你可以求解包含复数的多项式方程。我们还看到，克服复数反直觉本性的方法是认识到它们可以作为点在普通的二维平面上画出来：复数 $x + iy$ 是（或者，如果你更喜欢，可以说被表示为）平面上坐标为 $(x, y)$ 的点。

好，实数可以用一种自然的方式配对：把每一个实数 $r$ 与它的相反数 $-r$ 相对应。如果我们把实数作为点画在一条直线上（"实数线"），那么这种配对就有一个简洁的表示：每个数由位于原点另一侧且与原点有同样距离的点与之配对（见图7.1）。这种特定的配对在实数的算术

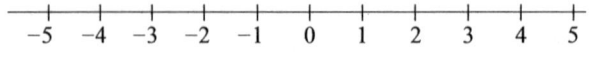

图7.1 可把实数配成对，每一对中的两个实数只有符号上的差别，且关于原点对称。

运算中起到了重要的作用。(例如,学生们在学校中学习解方程时,常常在方程的两边加上方程中某一项的相反项。)

复数可以作为平面上(复平面)的点被画出。对于这些数,取 $x + iy$ 与 $-x - iy$ 对应的类似配对是一种关于原点的反射。但是存在着复数的另一种配对,它在复数的算术运算中起到了重要作用。这第二种配对是把每个复数 $x + iy$ 与它的**共轭复数** $x - iy$ 对应。图7.2给出了这种配对的一个几何说明。正如实数配对是关于实数线上原点的反射,同

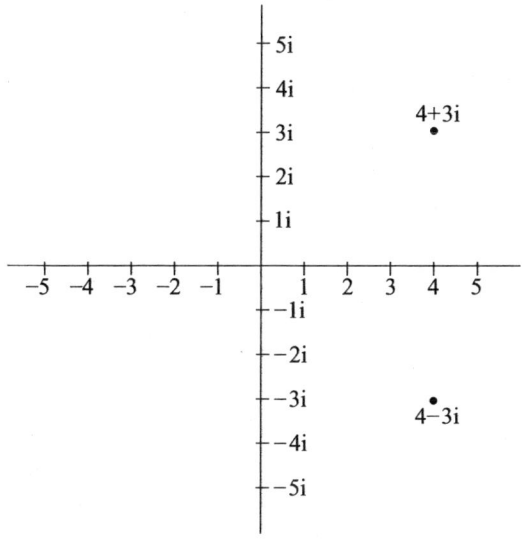

图7.2　可把复数配成对,称每一对中的两个复数互为共轭复数,它们关于实轴对称。图中显示的是互为共轭复数的 $4 + 3i$ 和 $4 - 3i$。

样,复数共轭配对也是反射,是关于复平面上实数轴(即 $x$ 轴)的反射。

尽管当初采用复数时受到了一些阻力,但到19世纪,复数的基本理论已被成功地研究出来,复数被普遍认为是主流数学的标准数系。而且,数学家开始发展一种把微积分推广到复变函数的深刻而美丽的理论,从而产生了如今被称为复分析的学科。

复分析早期研究中的两位主要人物是黎曼(我们已多次说到他)和柯西。他们作出了出乎意料的惊人发现,把复变函数与物理学联系了

起来。他们开始于这样的思索:"如果$f(z)$是复变量$z$的一个复值函数,那么我们可以把这个函数的$f(z)$值写成$f(z) = u(z) + iv(z)$的形式,其中$u(z)$和$v(z)$都是实数。这就给我们两个新的函数$u$和$v$,它们都是复变量$z$的**实值**函数。"(今日的数学家称函数$u$和$v$是函数$f$的实部和虚部。)

这两位数学家发现,如果复变函数$f$有着定义良好的(微积分)导数——用现代的术语,如果函数$f$是**解析的**——那么它的实部$u$和虚部$v$必须满足两个偏微分方程

$$\frac{\partial u}{\partial x} = \frac{\partial v}{\partial y}, \frac{\partial u}{\partial y} = -\frac{\partial v}{\partial x}$$

这些方程对物理学家来说是(而且那时候也是)很熟悉的。他们知道它们是拉普拉斯方程,而且它们在引力理论、电磁理论和流体力学中起着重要作用。(此外,与它们密切相关的一些方程还出现在热流理论、声学和波的传播理论中。)拉普拉斯方程的一个解被称为调和函数。复变函数的微积分和拉普拉斯方程之间紧密联系的发现,通过提供一个在各种不同情况下求解拉普拉斯方程的方法,导致了数理物理学的重大进步。

复变函数理论中的一个重大进展是黎曼的发明,即现在所谓的黎曼面。有一些函数,它们对实数运作得很好,但是当自变量或者函数值允许是复数时,结果完全不像是一个正常的函数,因为一个自变量可以导出不止一个的函数值。平方根函数和对数就是两个例子。对于实数来说,任何一个正实数都有两个平方根,但由于其中一个为正,另一个为负,所以只要规定取正根,问题就能排除;确实,标准符号$a$总是被理解为指$a$的正平方根。但是当这个根是复数时,没有一种自然而有效的方法在两个根当中作出选择。黎曼提出,处理这些"多值函数"(它们根本不是真正的函数)的最好方式是把它们看作定义在一个多层曲面上的单值函数(即真正的函数)。黎曼面有着比复平面更为复杂(也更为

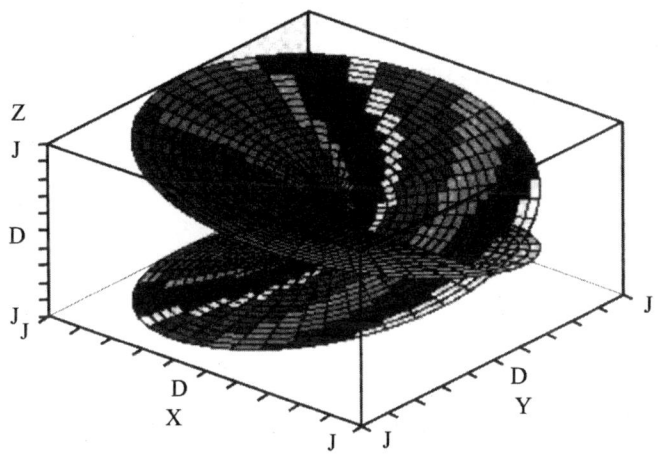

图7.3　黎曼曲面，一种类似曲面的对象，以两"页"或更多（通常是无穷多）的"页"覆盖着复平面。图中仅仅画出两页，它们围绕原点转过一圈后相互连接，但是总的来说这些页可以有非常复杂的结构和相互连接方式。黎曼面是表示多值函数的一种方式。

有趣）的拓扑结构。看待它们的一种方式是把它们当作复平面的一种螺旋梯式构形，一页一页地叠上去。在这曲面的任一页上围绕原点沿逆时针方向完整地转一圈就把你带入它上面的另一页（见图7.3）。

## 霍奇猜想：不适合心理脆弱的人

20世纪早期，数学家把黎曼面的思想推广成一个高度抽象的概念——复流形，即黎曼面的一个有着一种复杂拓扑结构的多维模拟物。这样一个流形具备了一种能确保复解析函数的概念有意义的结构。特别是，有可能定义所谓的微分形式，即把通常（实数）微积分中函数 $f$ 的微分 $df$ 推广到多维情况的产物。

有些微分形式可以分成具有某种共同关键特征的不同类型，这与人类可以分成共享一种共同的语言、历史和文化的不同民族群体并无什么不同。由于这些类是这样产生的,所以它们被称作上同调类*。这些上同调类正是霍奇猜想所说到的。

要理解上同调类的概念需要一系列高深的专业数学知识,在这里写出就太长了。但为立此存照,这里作一个十分简要的概括:

- 首先,我们需要知道在微分形式上存在着一种特定的运算,称作外导数。外微分本身就是一种微分。
- 如果一个微分形式是另外某个微分形式的外导数,就称这个微分形式是恰当的。
- 如果一个微分形式本身的外导数是零,就称这个微分形式是闭的。
- 如果两个闭微分形式的差是恰当的,就称它们是上同调的。

因此,上同调类的元素是闭微分形式。恰当性是同一上同调类中的元素共有的"相似性"性质。注意上同调类的定义十分依赖于来自微积分的概念。

上同调类定义了有用的拓扑不变量,它们抓住了基本复流形的重要方面。

获得了(闭微分形式的)上同调类概念,我们就可以回到代数几何和代数簇概念。

一个复代数簇是由一个代数方程组的复数解所定义的一个多维"曲面"。

---

* "上同调"的英文是cohomology,由homology加前缀co-生成。homology是"类似"的意思,生物学中作"同源",化学中作"同系",数学中作"同调";而co-一般也是"共同"的意思。——译者

如果定义一个复代数簇的方程组的解仅依赖于有关数的比,数学家就称这个复代数簇是射影的。

如果一个簇作为"曲面"是光滑的,他们就称这个簇是非奇异的。

因此,一个非奇异射影复代数簇就是一种特殊类型的复流形。

霍奇意识到他可以把来自于分析的方法应用于这些代数流形。特别是,他意识到由一个非奇异射影复代数簇所产生的微分形式的有理上同调类可以被看作拉普拉斯方程的解。

霍奇的观察结果使得有可能把这样的一个类写成一些特殊分量的一个和,这种特殊分量称作调和$(p,q)$形式。它们是可以由$p$个复变量和$q$个共轭复变量所规定的拉普拉斯方程的解。而且,每个($p$维的)代数上同调类给出了一个$(p,p)$形式。

霍奇在他对1950年国际数学家大会所作的报告中提出,对于非奇异射影复代数簇,上面说到的最后那个性质可能完全刻画了代数上同调类。也就是说,每个调和$(p,p)$形式是闭代数形式的一个有理组合[概略地说,即它可以用一种代数的(即不用到微积分的)方法构建起来]。

霍奇猜想就是这样诞生的。

但是这个猜想是否正确?无人知晓。暂时没有有力的证据表明霍奇的直觉是对的。另一方面,甚至当数学处于其最抽象和最难以理解的状态时——霍奇猜想当然符合这个描述——一颗训练有素的人类大脑,在对一个特定问题作了长期艰苦的思考之后,也经常会形成后来被证实是对的直觉。霍奇熟谙我刚才概述的材料。其实,其中有许多就是他研究出来的。就我个人而言,如果获悉他的猜想是对的,我一点儿也不会惊奇。这将更多地揭示人类智能的奥秘而不是调和$(p,p)$形式的奥秘。

## 进一步的读物

如果有谁正在考虑真正尝试求解某个千年难题,那么他应该知道本书中给出的对这些问题的描述并不严密,本书旨在对这些问题给出一个总体上的认识。对七大难题的准确描述,以及这个竞赛的正式规则,请参看克莱数学促进会网站:www.claymath.org.(这个网站还特设了一个20分钟的流媒体视频,由德夫林主持,克莱数学促进会制作。)除此之外,克莱数学促进会和美国数学学会正计划联合出版一本书。在这本书中,每个问题都由相应领域的一位世界级专家作详细说明。(如果你不能理解那本书中的描述,你不大可能解决其中任何一个问题。)

另一方面,如果你只是想大概知道被当今数学家认为是最困难的七大难题是什么,而且你的愿望只是想进一步探究数学世界,那么有不少极其精彩的书可以参阅,它们都是为普通读者而写的。然而,它们中的大部分不是写得比本书更粗略,就是集中在数学中的特定问题或者历史问题上。有着为数不多的为普通读者写的书,它们对当代数学作了很好的概述,程度与本书大致相当。以下是我所熟知的:

Arnold, V., M.Atiyah, P.Lax, and B.Mazur, eds. *Mathematics: Frontiers and Perspectives*. the American Mathematical Society, 1999.

Casti, John. *Five Golden Rules: Great Theories of 20th Century Mathematics—and Why They Matter*. John Wiley & Sons, 1996.

Devlin, Keith. *Mathematics: The New Golden Age*. Columbia University Press, 1999.

Devlin, Keith. *The Language of Mathematics: Making the Invisible Visi-*

*be*. W. H. Freeman, 1998.

Yandell, Benjamin. *The Honors Class: Hilbert's Problems and Their Solvers*. A. K. Peters, 2001.

# 注 释

**第零章**

1. 参见他那本精彩的阐释性著作 *The Elegant Universe*。

**第一章**

1. Wilhelm Raabe, *Alte Nester*, Braunschweig, 1880.

2. Felix Klein, *Development of Mathematics in the Nineteenth Century*, MathSci Press, 1979.

3. 参见本章后面对微分的解释。

4. 对于任何初步学过一点微积分的人来说，自然对数应该是很熟悉的。很遗憾，在这里解释它就离题太远了，但如果你继续看下去，你会对它知道得更多一点，包括它的图像，如图1.2所示。

5. 在拙作《数学基因》(*The Math Gene*)中，我花了很多篇幅专门进行论述，以证明不存在"数学大脑"这种东西。相反，数学思维在许多方面是非本能的行为，能够做数学的窍门在于以这样一种方式来处理数学问题：一颗普通的人类大脑，利用为做各种不同而且通常是普通的事情而获得的智力，就可以把握它们。

6. 引自 Jacques Hadamard, *The Mathematician's Mind*, Princeton University Press (1945, 1973), p.118。看到这段引文，熟悉费马大定理来源的读者毫无疑问会有一种"见鬼！又是历史重演"的感觉——这是贝拉(Yogi Berra)*的不朽名言之一。

7. Carl Siegel, Über Riemanns Nachlass zur analytischen Zahlentheorie, *Quellen und Studien zur Geschichte der Mathematik*, *Astronomie und Physic*, p.46.

8. 并非形如 $N+1$ 的数总是素数，这里给出的证明是基于这样一个（错误）假设：存在一个最大的素数。

**第二章**

1. Richard Feynman, *The Character of Physical Law*, Cambridge, MA：MIT Press, 1965, p.129.

---

\* 贝拉，真名劳伦斯·彼得·贝拉(Lawrence Peter Berra)，美国传奇棒球运动员，以球技高超、更以妙语连珠而闻名于世。——译者

2. 在数学上,粒子由波函数 $\Psi$ 来描述,它将时空中每一点 $x$ 与一个向量 $\Psi(x)$ 相联系。这向量的大小代表了振动的振幅,方向给出了位相。$\Psi(x)$ 的模的平方给出了在时空中粒子接近点 $x$ 的概率。

3. 在符号上,杨振宁和米尔斯将麦克斯韦方程组中的电势向量和磁位向量的每个分量用一个矩阵代替。

4. Edward Witten, *Physical Law and the Quest for Mathematical Understanding*, paper presented at the University of California at Los Angeles, August 2000.

5. 同上。

6. 同上。

7. 同上。

8. 同上。


## 第三章

1. 然而要注意,"也许"并不是意味着"可能"。尽管 P 对 NP 问题的陈述很简单,但我相信,正如其他的千年难题一样,当它最终被解决时,解答将是由一位专业数学家所发现的,所使用的技巧一般也不会是热情的业余爱好者所知道的。

2. 平行公设是说,给定一直线和直线外一点,你能且只能画一条过这点且与给定直线平行的直线。

3. D. Shasha and C. Lzere, *Out of Their Minds: The Lives and Discoveries of 15 Great Computer Scientists*, New York: Copernicus, 1998, p.148.


## 第四章

1. 许多书籍和文章不正确地用机翼的形状描述了这一点,声称这种形状迫使空气流经其上表面时路程更长,因此也更快,从而产生了升力。既然飞机能颠倒过来飞行,那么这种说法显然是错误的。事实上,升力是由于空气流经飞机全部表面——机翼和机身——而产生的,升力的产生(主要)不是由于机翼的形状,而是由于机身和机翼穿过空气时相对于水平线的角度,这一角度被称为迎角。


## 第五章

1. *Mathematical definitions in education*, 1904.

2. 在拙作《数学基因》中,我论述了对于任何一个希望自己有能力做好数学的人来说,唯一的最大障碍在于对付抽象性。

3. 确切地说,当庞加莱和其他人在 19 世纪末进行这项研究时,没人知道如何使"无限靠近"这个概念在数学上明确化。在 20 世纪 50 年代,美国数学家罗滨逊(Abraham Robinson)找到了一种方法,做成了这件事。但这并不影响我们的故事。

### 第六章

1. 对于那些感兴趣的人,下面就是这一证明的主要思想。首先,如果存在一个直角三角形,它的边长为有理数 $a$、$b$、$c$,面积为 $d$,那么 $x = \frac{1}{2}a(a-c)$,$y = \frac{1}{2}a^2(c-a)$ 就是这个方程的解。反过来,如果 $x$ 和 $y$ 是有理数且满足 $y^2 = x^3 - d^2x$,其中 $y \neq 0$,那么边长为

$$\left| \frac{x^2 - d^2}{y} \right| \text{、} \left| \frac{2xd}{y} \right| \text{、} \left| \frac{x^2 + d^2}{y} \right|$$

的三角形是直角三角形且面积为 $d$。

2. 严格地说,作为椭圆曲线的图像,这个方程应该满足一个附加的条件: 它的判别式应该不等于零。这个判别式是 $\Delta = -16(4a^3 + 27b^2)$。

3. 严格地说,怀尔斯和泰勒只证明了部分猜想。缺失的部分由布勒伊(Christophe Breuil)、康拉德(Brian Conrad)、戴蒙德(Fred Diamond)和泰勒在1999年补上。

### 第七章

1. James D. Lewis, *A Survey of the Hodge Conjecture*, CRM Monograph Series, Volume 10, Providence, RI: American Mathematical Society.

2. 参见 W. V. D. Hodge, *The topological invariants of algebraic varieties*, Proc. International Congress of Mathematicians(Cambridge, 1950), Amer. Math. Soc., Providence, RI, pp. 182—192。

**图书在版编目(CIP)数据**

千年难题:七个悬赏1000000美元的数学问题/(美)基思·德夫林著;沈崇圣译.—上海:上海科技教育出版社,2019.1(2020.6重印)

(哲人石丛书:珍藏版)

ISBN 978-7-5428-6909-8

Ⅰ.①千… Ⅱ.① 基…② 沈… Ⅲ.①数学—普及读物 Ⅳ.①01-49

中国版本图书馆CIP数据核字(2018)第303145号

| | | |
|---|---|---|
| 责任编辑 | 朱惠霖　陈　浩 | |
| | 傅　勇　王乔琦 | |
| 封面设计 | 肖祥德 | |
| 版式设计 | 李梦雪 | |

**千年难题——七个悬赏1000000
美元的数学问题**

[美] 基思·德夫林 著

沈崇圣 译

出版发行　上海科技教育出版社有限公司
(200235上海市柳州路218号 www.ewen.co)

印　刷　常熟市华顺印刷有限公司

开　本　720×1000　1/16

印　张　14.75

版　次　2019年1月第1版

印　次　2020年6月第3次印刷

书　号　ISBN 978-7-5428-6909-8/N·1048

图　字　09-2017-820号

定　价　38.00元